친구야, 나와 함께
창의력 대회 도전하자

친구야, 나와 함께 창의력 대회 도전하자

2025년 1월 10일 1판 1쇄 펴냄

지은이 | 정호근
펴낸이 | 김철종

펴낸곳 | (주)한언
출판등록 | 1983년 9월 30일 제1-128호
주소 | 서울시 종로구 삼일대로 453(경운동) 2층
전화번호 | 02)701-6911   팩스번호 | 02)701-4449
전자우편 | haneon@haneon.com

ISBN 978-89-5596-953-5(43500)

만든 사람들
기획·총괄 | 손성문
편   집 | 배혜진
디자인 | 홍성권

친구야, 나와 함께
창의력 대회
도전하자

정호근 지음

한언

"선생님! 창의성을 키우려면 어떻게 해야 할까요?" "선생님! 창의력 대회에 참가해서 좋은 성적을 내려면 어떻게 준비해야 할까요?" 선생님과 학생들의 쏟아지는 질문에 답하기 위해 저는 오랫동안 고민해 왔습니다. 전국을 돌며 강연을 통해 학생들의 고민을 덜어주고자 노력했지요. 비슷한 질문이 그치지 않는 것을 보며, 더 많은 학생이 창의성에 대한 궁금증을 해소하고, 창의력 대회에 도전하기를 바라는 마음을 담아 이 책을 썼습니다.

이 책은 제가 지난 20년간 여러 학생과 선생님으로부터 받은 창의력 대회 관련 질문들을 바탕으로, 궁금증을 해소할 수 있도록 질문과 답변 형식으로 구성했습니다. 또한, 세계 대회와 국내 대회에서 우수한 성적을 거둔 사례들을 엄선해 소개하고, 다양한 창의력 대회의 사례를 담아 누구나 쉽게 창의력 대회에 도전할 수 있게 돕고자 했습니다. 이 책을 통해 여러분과 함께 창의력 대회의 길을 걸어가고 싶습니다!

먼저 제 이야기를 하겠습니다. 저는 박인수 선생님을 만나고 창의력 대회에 처음으로 도전했습니다. 그분은 훌륭한 스승이었고, 지금도 여전히 많은 것을 가르쳐주십니다. 저는 처음에는 대회에서 좋은 성적을 거두지 못했지만, 꾸준히 도전한 끝에 점차 성과를 이루기 시작했습니다. 그렇게 결국 우리나라의 거의 모든 창의력 대회에서 1위를 차지했고, 창의력 대회 심사위원과 자문위원으로 활동했지요. 더 나아가 한국인 최초로 세계창의력올림피아드OM, Odyssey of the Mind의 국제 심사위원(구조물 분야)으로도 참여할 수 있었습니다.

매년 창의력 대회를 앞두고 '창의력 대회는 어떻게 준비해야 되는가'에 대해 질문을 많이 받습니다. 가장 많이 받은 질문들을 모은 이 책이 여러분의 궁금증에 큰 도움이 되기를 바랍니다.

저는 국제 대회인 '세계창의력올림피아드OM'와 '대한민국학생창의력올림피아드DI, Destination Imagination'에 참여했던 경험이 가장 뜻깊었습니다. 이 두 대회는 여러분도 꼭 한 번 도전해 볼 만한 가치가 있는 대회라고 생각합니다. 이 책에서는 이 외에도 '대한민국 학생창의력 챔피언대회'와 '세계청소년올림피아드KIYO 4i, Korea-International Youth Olympiad 4i'까지 소개합니다. 이 책이 창의력 대회를 어렵게만 느껴왔던 많은 학생, 학부모, 선생님에게 그 문턱을 낮춰주고 우리나라 창의력 대회의 교과서로 자리매김하기를 바랍니다.

Chapter 1. '창의성을 키우는 창의력 대회'에서는 우선 창의성이 무엇이며 왜 중요한지 살펴보고, 창의력 대회에 참가하여 키울 수 있는 역량을 알아봅니다. 특히 학교에서 배우는 기초 지식의 중요성을 짚어보고, 국내외에서 열리는 주요 창의력 대회를 소개합니다.

Chapter 2. '창의력 대회로 세계에 도전하라! 세계창의력올림피아드OM와 대한민국학생창의력올림피아드DI'에서는 세계적인 창의력 대회를 소개합니다. 대회의 운영 방식, 과제 분석 및 참가 사례는 물론 대회 요강 분석 방식과 탐구 보고서 작성 방법을 담았습니다. 여러분도 창의력 대회 아이디어를 발전시키는 방법을 배워서 세계 챔피언이 되어 우리나라를 빛낼 수 있습니다!

Chapter 3. '대한민국 학생창의력 챔피언대회에 도전하라!'에서는 우리나라 학생들이 가장 많이 참여하는 창의력 대회, 대한민국 학생창의력 챔피언대회를 소개합니다. 대회에 참가하는 과정을 자세히 안내하고, 제출해야 하는 서류 작성 사례도 담아 쉽게 따라 할 수 있게 구성했습니다.

Chapter 4. '세계청소년올림피아드에 도전하라!'에서는 세계청소년올림피아드 참가 사례를 현장 과제와 실제 사례로 정리하였습니다.

Chapter 5. '창의적인 문제 해결에 도전하자!'에서는 평소에 창의력 대회 참가를 준비하는 방법과 창의력 대회 준비 과정 및 결과물을 정리하여 보관하는 방법을 학생 사례 위주로 제시하였습니다. 또한, 여러분의 창의력 대회 도전을 응원하고자 먼저 대회에 도전했던 친구의 소감문을 담았습니다.

이 책이 여러분의 창의력 대회 도전의 길잡이가 되기를 바랍니다. 또한, 이러한 과정이 여러분의 진로를 찾는 데에도 도움이 되었으면 좋겠습니다.

지금까지 많은 가르침을 주시고 시야를 넓혀주신 한기순 교수님, 좋은 가르침으로 잘 이끌어주신 박인수 선생님, 그리고 구조물 분야의 최고 스승이신 김도형 교장 선생님, 강석진 선생님께 깊은 감사의 마음을 드립니다. 창의력 대회에서 만난 여러 지도 선생님, 심사위원님, 창의력 대회 관계자분들께도 감사를 드립니다. 우리나라 창의력 교육을 위해 헌신하고 계신 분들께 이 책을 드립니다.

아울러 창의력 대회에서 보성고등학교의 이름을 빛내고 과학발명반 연구실에서 함께 노력해 준 모든 팀원에게 고마움을 전합니다. 창의력 대회에서 뛰어난 역량을 보인 보성고등학교 과학발명반SCINOVATOR 제자들과 우리 팀원들. 너희를 만난 것은 내 인생에서 기적이었고, 가장 행복한 순간이었어! 그리고 특별히 우리 학교 학생들과 함께 열정을 나눈 다른 학교 친구들에게도 깊이 감사드립니다. 모든 제자의 앞날에 행운이 함께하고 꽃길만 이어지기를 기원합니다.

친구야! 나와 함께 창의력 대회에 도전하자!

차례

들어가며   4

Chapter 2. 창의력 대회로 세계에 도전하라!
세계창의력올림피아드(OM)와 대한민국학생창의력올림피아드(DI)

Chapter 5. 창의적인 문제 해결에 도전하자!

Chapter 1.

창의성을 키우는
창의력 대회

선생님, 창의성이란 무엇인가요?

여러분, '창의성'은 무슨 뜻일까요? 어원적으로 분석해 보겠습니다. 창의創 意는 '비로소 창創'과 '뜻 의意'가 합쳐진 단어로, '생각이 처음으로 비롯된 다'라는 뜻입니다.

특히 創(창)은 倉(곳집 창)과 刀(칼 도)의 합성어로, 곳집倉을 새로 지으 려면 나무를 칼刀로 다듬어서 새로 지어야 하므로 '새롭게(처음으로) 시작 한다'라는 뜻도 지니고 있습니다. 즉, 생각을 새롭게 시작하는 힘을 창의성 이라고 할 수 있어요.

창의성을 뜻하는 영어 Creativity도 살펴볼까요? 이 단어는 라틴어의

Creo(만들다)를 어근으로 하는 Creatio에서 유래했고, 아무것도 없는 상태 또는 기존에 있던 것에서 새로운 것을 발견하거나 만들어 내는 것을 뜻합니다.

이렇게 어원에서도 알 수 있듯이, 창의성은 독창적이고 가치 있는 사고를 하거나 산출물을 만들어 내는 개인의 능력이나 성향을 말합니다. 창의성과 유사한 개념으로 창의력, 창조성, 독창성, 독창력 등의 단어도 사용하지요.

1950년 미국 심리학회 회장으로 취임한 길포드Joy Paul Guilford의 연설에서 언급된 창의성은 인간의 가장 복잡한 행동 중 하나로, 여러 심리학자가 큰 관심을 보였습니다. 그러나 개념이 복잡하여 연구는 빠르게 진전하지 못했습니다.

지금까지 여러 학자가 창의성의 개념을 정의하고 요소를 정리하였는데, 대표적으로는 길포드와 토런스E. Paul Torrance가 있습니다. 이들은 창의성을 구성하는 요소로 민감성, 유창성, 융통성, 독창성, 정교성을 꼽았습니다.

- 민감성: 다른 사람들이 생각하지 못하는 문제를 파악하는 역량
- 유창성: 아이디어를 생성하는 역량
- 융통성: 문제에 대해 다양한 반응을 보이는 역량
- 독창성: 독특하고 새로운 아이디어를 제시하는 역량
- 정교성: 질문을 구체적으로 하는 역량

● 민감성

민감성은 문제 상황에 예민하게 관심을 보이며 탐색 영역을 새롭게 넓히려는 사고 성향입니다. 또한, 문제 상황을 정확히 파악하는 사고 능력입니다. 민감성은 문제 해결의 초기 단계에서 요구되는 사고 능력이며, 아이디어 발현의 출발점이기도 합니다.

민감성을 기르려면 주변 현상에서 문제를 찾아보기, 변화 파악하기, 익숙한 것을 새롭게 보기 등의 훈련이 필요합니다. 예를 들어, 그림을 보여 준 다음 빠진 것이 무엇인지, 또는 추가로 무엇이 있으면 좋을지 생각해 보는 방법이 있습니다.

● 유창성

유창성은 가능한 많은 아이디어를 생성하는 능력입니다. 떠올리는 아이디어가 많을수록 그중 유용하고 효과적인 아이디어가 있을 가능성이 커집니다.

유창성을 기르는 방법으로는 관점을 다양하게 바꿔 보거나, 특정 문제 상황에서 가능한 해결 방안을 많이 제시해 보는 등의 방법이 있습니다. 쉽게 할 수 있는 훈련으로는 우리가 일상에서 자주 접하는 사물들을 새롭게 사용하는 방법을 가능한 한 많이 떠올려 보기가 있습니다. 예를 들어 '일정 시간 안에 생선 가시의 용도를 30가지 생각해 보기'와 같은 활동이 있는데요. 생선 가시를 이쑤시개로, 머리빗으로 활용하는 아이디어를 떠올린 친구들도 있습니다.

● 융통성

융통성은 고정적인 사고방식에서 벗어나 여러 각도에서 다양한 해결책을 찾는 능력입니다. 융통성을 기르려면 시점을 바꿔 숨겨진 면을 파악하거나, 관련 없어 보이는 사물이나 현상 간의 연관성을 찾아보는 것이 좋습니다. 융통성을 측정할 때는 떠올린 아이디어가 얼마나 다양한지, 반복되지 않는 범주의 수를 세어야 합니다.

　　　예를 들어, '볼펜의 용도 10가지'를 떠올려 봅시다. 이때 '글씨 쓰기', '그림 그리기', '낙서하기'를 떠올렸다고 하면 떠올린 용도의 종류는 3가지이지만 모두 '쓰기' 범주에 포함됩니다. 즉, 융통성이 낮다고 볼 수 있습니다. 그러나 만약 '등 긁기', '놀이 장난감으로 사용하기' 등 쓰기 이외의 다양한 범주를 생각해 냈다면 융통성이 높다고 할 수 있습니다.

● 독창성

독창성은 기존과는 다른, 참신하고 독특한 아이디어를 산출하는 능력입니다. 독창성은 다른 사람들과 얼마나 다른 아이디어를 떠올렸는지를 기준으로 평가할 수 있습니다. 독창성을 기르기 위해서는 사람들과 다른 방식으로 생각해 보거나, 기존의 생각을 새로운 상황에 적용해 보는 연습이 필요합니다. 창의적 사고의 궁극적인 목표는 독창성을 기르는 데 있습니다. 독창성은 문제 해결 과정에서 매우 중요합니다.

● 정교성

정교성은 아이디어를 구체적이고 치밀하게 발전시키는 능력으로, 거친 아이디어를 세부적으로 구체화하고 실행할 수 있는 계획으로 발전시킵니다. 이 능력은 창의적 사고의 마지막 단계에 주로 발휘됩니다. 우리의 사고가 더욱 깊이 있고 정교하게 발전할수록, 아이디어가 창의적일 가능성도 그만큼 커집니다.

자, 이제 우리도 창의성을 키워볼까요?

A4용지의 용도를
최대한 많이 떠올려 보자.

- 문에 끼워서 닫히지 않게 하기
- 가구 바닥에 접어 넣어 평형 맞추기
- 방석으로 쓰기
- 돗자리 밑에 깔개용으로 쓰기
- 견본 종이 대신 크기 비교용으로 사용
- 화장실에서 휴지로 쓰기
- 포장용 종이로 쓰기
- 접어서 모자로 쓰기
- 커튼 만들기
- 책 표지를 감싸기
- 식탁보로 쓰기
- 파리 잡는 종이로 쓰기
- 물을 묻혀 청소용으로 쓰기
- 종이 점토로 쓰기
- 나무에 붙여 인형 재료로 쓰기
- 신발의 습기 제거용으로 사용
- 연료로 쓰기

- 재생 용지의 원료로 쓰기
- 풀 붙일 때 밑판으로 쓰기
- 페인트칠할 때 칠하지 않는 부분에 붙이기
- 광고지로 사용하기
- 견본 설명서로 활용하기
- 문서 작성이나 디자인 레이아웃의 교재로 쓰기
- 더러운 것을 잡을 때 사용하기
- 자 없이 직각을 맞출 때 쓰기
- 저울 없이 무게의 기준으로 쓰기
- 먼지떨이 만들기
- 종이테이프 만들기
- 튀김의 기름받이나 흡수지로 쓰기
- 전등의 갓으로 쓰기
- 종이비행기 만들기

선생님,
창의성을 키우는 방법이
궁금해요!

앞으로 세상은 더욱 빠르게 변화하며, 뛰어난 능력을 넘어 창의적인 문제 해결력을 요구할 것으로 예측됩니다.

청소년기에는 창의성을 크게 성장시킬 수 있습니다. 학교에서는 학생들이 창의성을 기르도록 교과 교육, 융합 인재 교육STEAM, 메이커 교육, 발명 교육, 소프트웨어 교육 등 다양한 교육 경험을 제공하고 있습니다. 학교 교육에 적극적으로 참여하는 것도 창의성 향상에 큰 도움이 됩니다.

창의력 대회에 도전하는 것도 창의성을 키우는 좋은 방법입니다. 창의력 대회는 우리나라뿐만 아니라 전 세계적으로 많이 개최되고 있습니다. 매년 새로운 문제가 제시된다는 점과 대회에서 다른 학생들의 창의적인 문제 해결 방식을 볼 수 있다는 점은 창의력 대회의 큰 장점입니다.

오늘날 사람들은 매우 복잡하고 어려운 문제들과 함께 살아가고 있습니다. 그중에는 즉시 해결해야 하는 문제도 있지만, 천천히 여유 있게 해결해도 되는 문제도 있습니다. 해결 결과가 인생에 중대한 영향을 미치는 문제도 있고, 별다른 영향을 주지 않는 문제도 있고요. 정답이 명확한 것도 있고, 모호한 것도 있지요. 이렇게 다양한 문제를 해결하는 데 있어 가장 명심해야 할 점은 무엇일까요? 바로 주어진 문제를 정확히 이해하고 접근해야 한다는 점입니다.

내가 직면한 문제를 어떻게 인식하고 해결책에 접근하느냐가 바로 창의적인 문제 해결의 시작입니다. 문제를 푸는 사람이 스스로 문제를 어떻게 정의하느냐에 따라 문제 해결의 방향이 달라질 수 있습니다.

앞서 창의성을 '지금까지 없었던 새로운 것을 생각해 내거나 만들어 내는 능력'이라는 뜻으로 정의하였습니다. 그렇다면 우리는 교실에서 창의성을 발휘할 기회가 있을까요?

학교 수업에서 접하는 다양한 문제는 짧은 시간 안에 해결해야 하며, 정답이 정해져 있는 경우가 많습니다. 그러다 보니 우리는 문제 해결에 급급해서 문제 자체를 나름대로 해석해 보지 못하고, 틀에 박힌 방법으로 이미 정해져 있는 답만을 찾고는 합니다.

일상에서는 어떨까요? 일상에서 접하는 문제들은 그 성격이 매우 다양합니다. 때로는 여러 문제가 복잡하게 얽혀 있어 신중한 결단이 필요한 때도 있고, 삶에 큰 영향을 미치는 중대한 문제일 때도 있습니다. 정답이 없는 문제도 많고, 어떤 결정을 내리느냐에 따라 결과가 여러 형태로 나타날 때도 있습니다. 우리는 정해진 정답이 있는 문제를 해결하는 데 익숙해져 있어서, 일상의 문제를 대할 때면 종종 문제 자체의 다양한 측면을 간과하고는 합니다.

창의적인 사람이 되기 위해서는 문제를 설정하거나 재정의하고, 자신의 자원을 잘 활용해 문제 해결 도구로 활용할 수 있어야 합니다. 이러한 능력을 키우려면 교육적 경험이 중요하며, 창의성을 구성하는 요소(민감성, 유창성, 융통성, 독창성, 정교성)를 골고루 기르는 다양한 경험이 필요합니다.

창의성은 자연 속에서 더욱 잘 키울 수 있습니다. 미국의 심리학자 구오Kuo는 시카고 공공주택 지역에 있는 64개의 야외 놀이 공간에서 아이들이 어떤 놀이를 하는지 연구했습니다. 단순히 놀이기구만 있는 공간보다 나무와 숲이 있는 공간에서 학생들은 새로운 것을 만들어 내고, 더 다양한 놀이를 하였습니다. 또한, 주변에 잔디나 흙이 많고 산이 있는 등 자연 요소가 풍부할수록 학생들은 더 많은 상상력을 발휘할 뿐 아니라 편 가르기 없이 평등하게 즐기는 놀이를 더 많이 한다는 연구 결과가 나왔습니다.

또한 중요한 것은 기본에 충실한 태도입니다. 중국 주나라에 기창이라는 사람이 있었습니다. 그는 활의 명인 비위를 찾아가 활쏘기를 가르쳐 달라고 했습니다. 그러나 비위는 활쏘기 방법을 알려주지 않고, "눈을 깜박이지 않는 연습부터 해 오라"고 했습니다.

기창은 집에 돌아가 아내가 베를 짜는 동안 베틀 밑으로 들어가 발판을 올려다보며 눈을 깜박이지 않는 연습을 시작했습니다. 그러나 발판이 움직일 때마다 눈을 깜박이지 않기는 쉽지 않았고, 2년간 매일 연습한 끝에야 어떤 상황에서도 눈을 깜박이지 않을 수 있게 되었습니다.

기창이 다시 비위를 찾아가자, 비위는 "눈을 깜박이지 않는 것만으로는 부족하다. 이번에는 작은 것을 크게 보는 연습을 하라"고 했습니다. 기창은 이번에는 가느다란 머리털로 이를 묶어 창가에 매달고 매일 쳐다보는 연습을 3년간 했습니다. 그 결과, 작은 이가 수레바퀴만큼 커 보일 정도가 되었습니다.

비위는 다시 자신을 찾아온 기창에게 활을 주며 멀리 떨어진 이를 맞혀보라 했고, 기창은 호흡을 조절하며 집중하여 바로 눈앞에 있는 것처럼 보이는 이를 정확히 맞혔습니다. 그러자 비위는 "이제 활쏘기 수업은 끝났다"고 했습니다.

비위가 기창에게 가르쳐 준 것은 활을 잡는 자세나 호흡을 조절하는 방법이 아니었습니다. 기창이 5년간 배운 것은 바로 눈을 깜박이지 않는 법과 정신을 집중해 물체를 크게 보는 기초적인 것이었습니다. 이 2 가지 기초 능력을 연마하여 기창은 신기에 가까운 활 솜씨를 갖추게 된 것입니다.

이 고사는 기초 실력을 탄탄히 다지는 것이 얼마나 중요한지를 보여 줍니다. 무엇이든 배울 때는 기초를 튼튼히 해야 합니다. 건물을 지을 때 기초공사가 부실하면 그 위에 세운 건물이 안전하지 못한 것과 마찬가지입니다. 그만큼 학교에서 배우는 기초 지식을 이해하고, 주변 현상에 의문을 품고 스스로 답을 찾으려는 자세를 가져야 합니다. 기초가 튼튼할수록 더 발전된 사고를 할 수 있고 창의적인 사고를 자유롭게 펼칠 수 있습니다. 특히 책을 읽고 간접 경험을 많이 쌓는 것은 창의성을 넓히는 밑거름이 됩니다.

이처럼 자연, 학교, 책을 통해 다양한 경험을 쌓고 교실이나 집에서 새로운 도전을 시도한다면 여러분의 창의성은 더욱 성장할 것입니다. 또한, 여러 가지 경험을 쌓을 수 있는 도전 역시 중요합니다. 그중에서도 창의력 대회를 경험하는 것은 창의력을 키우는 훌륭한 방법이라고 생각합니다.

선생님, 창의력 대회에 참가하면 어떤 역량을 키울 수 있나요?

창의력 대회를 통해 우리는 무엇을 배울 수 있을까요?

첫째, 창의적인 문제 해결력을 통합적으로 키울 수 있습니다. 창의력 대회에서 문제 해결을 위한 공연Performance 형식을 사용하는 이유는 공연이 창의적 문제 해결에 중요한 통합적 요소를 제공하기 때문입니다. 이를 통해 하나의 문제에 다양한 해결점이 있음을 알게 되며, 참가자들은 발산적 사고를 함으로써 상상력까지 키울 수 있습니다.

둘째, 문제 해결 과정의 중요성을 인식할 수 있습니다. 창의력 대회 준비 과정은 짧게는 3개월에서 길게는 6개월이 소요됩니다. 이 기간에 주

각자 역할을 맡아 공연에 참여하는 모습

어진 과제를 해결하기 위한 우리 팀만의 방법을 찾으며 장기 과제와 즉석 과제를 위한 공연 연습 등을 진행합니다. 이 과정에서 계획을 세우고, 시간 약속을 지키며 결과만이 아닌 과정의 중요성을 체험합니다.

셋째, 협동 능력을 배양할 수 있습니다. 장기 과제 해결을 위해 5~7명 의 팀원이 끊임없이 서로 협력하고 자신의 역할을 성실히 수행해야 하므로 자연스럽게 협동 능력이 길러집니다.

넷째, 원활한 의사소통을 통해 지도력을 배울 수 있습니다. 과제를 해결하는 과정은 지속적인 의사소통이 필수적입니다. 지도 교사와 팀, 팀원들 간, 나아가 팀원과 학부모 간의 원활한 소통이 이루어져야 하며, 목표 달성을 위해 대화로 문제를 해결하는 경험을 통해 다양한 형태의 지도력을 체득하게 됩니다.

04

선생님,
창의력 대회를 통해
다중지능을 기를 수 있다고요?

우리는 저마다 다양한 역량을 가졌습니다. 글을 잘 쓰는 친구도 있고, 그림을 잘 그리는 친구도 있고, 새로운 아이디어로 발명을 잘하는 친구도 있지요. 이런 차이는 어디에서 비롯하는 것인지 많은 학자가 연구했고, 하워드 가드너Howard Gardner 교수는 '실생활에서 당면한 문제를 해결하는 능력, 새로운 문제를 창출하는 능력, 그리고 문화적 가치를 지닌 산물을 만들어 내는 능력'이라고 '다중지능Multiple Intelligence'을 정의하였습니다.

창의력 대회는 이러한 다중지능이론을 기반으로 합니다. 하워드 가드너 교수가 1983년에 출간한 저서 『마음의 틀Frames of Mind』에서 처음 소개한 다중지능이론은 교육학과 심리학에 큰 영향을 미쳤습니다. 그는 인간에게는 다음과 같은 8가지 지능이 모두 있다고 주장했습니다.

한 사람에게는 8가지 다중지능이 모두 존재하지만, 각 지능의 수준은 사람마다 다른 것입니다. 각 지능의 잠재력을 얼마나 끌어내는가는 개인

하워드 가드너 교수가 정리한 다중지능이론의 8가지 지능

지능	설명
언어지능	말과 글이라는 상징체계를 이해하고 활용하는 능력
음악지능	가락, 리듬, 소리 등의 상징체계에 민감하며 이를 창조적으로 표현하는 능력
논리-수학적 지능	숫자, 규칙, 명제 등의 상징체계를 잘 이해하고 창의적으로 활용하며, 관련된 문제를 손쉽게 해결하는 능력
공간지능	도형과 입체 설계 등의 상징체계를 이해하고 활용하는 데 뛰어난 소질과 적성을 보이는 능력
신체 운동 지능	춤, 운동, 연기 등 신체를 활용한 상징체계를 쉽게 익히고 창의적으로 표현하는 능력
대인관계 지능	타인의 기분, 동기, 욕구를 잘 이해하고 이에 적절하게 반응할 수 있는 능력
자기이해 지능	자기 자신을 깊이 느끼고 이해하는 데 예민하며, 자신과 관련된 문제를 효과적으로 해결하는 능력
자연탐구 지능	식물, 동물 및 주변 환경에 관심을 가지며 이를 인식하고 분류하는 데 탁월한 능력

의 노력에 달려 있습니다. 각종 분야에서 남다른 성과를 낸 사람들은 자신의 가장 뛰어난 지능을 계발하는 데 성공한 사람들이라 할 수 있습니다. 각 지능을 자세히 살펴보겠습니다.

● 언어지능

언어지능Linguistic Intelligence은 단어의 소리, 리듬, 의미에 대한 감수성이나 언어의 다양한 기능에 대한 민감성과 관련된 능력입니다. 언어지능이 높은 사람은 유머러스하게 말하고 끝말잇기, 낱말 맞히기 같은 게임을 잘하며 토론에 두각을 나타냅니다. 설득을 잘하고 기억력도 좋은 편입니다. 이들은 다양한 단어를 활용해 유창하게 말하며, 같은 내용을 써도 사람의 마음을 울리거나 웃음을 자아내는 글을 씁니다.

● 음악지능

음악지능Musical Intelligence이 뛰어난 사람은 소리, 리듬, 진동과 같은 음의 세계에 민감합니다. 예를 들어, 발걸음 소리만으로도 누가 오고 있는지 알아내는 사람은 음악지능이 높다고 할 수 있습니다. 음악지능은 멜로디와 리듬을 창작하고 음악의 구조를 이해하는 능력입니다. 음악의 형태를 잘 감지하고, 음악적 유형을 구별하며, 이를 다른 음악 형태로 변형하는 능력도 포함합니다.

● 논리-수학적 지능

논리-수학적 지능Logical-Mathematical Intelligence은 전통적으로 지능의 핵심으로 간주되었으며 유럽 학자들은 이를 가장 중요한 인지적 능력이라 여겼습니다. 이 지능은 다중지능이론에서도 중심적인 위치를 차지합니다. 논리-수학적 지능은 논리적 문제나 수학 문제를 해결하는 정신적 과정과 관련된 능력으로, 때에 따라 언어 사용을 필요로 하지 않는 지능입니다. 이 지능이 높은 사람은 논리적 문제를 보통 사람보다 훨씬 빠르게 해결하며, 추론을 잘 끌어내고, 문제를 체계적이고 과학적으로 파악하는 능력을 갖추고 있습니다. 숫자에 강해서 차량 번호나 전화번호 등을 잘 기억하기도 합니다. 논리-수학적 지능은 수학자나 통계전문가처럼 숫자를 효과적으로 다루는 능력과 과학자, 컴퓨터 프로그래머, 논리학자처럼 추론 능력이 필요한 분야와 관련이 깊습니다. 이 지능이 뛰어난 사람은 문제 해결 속도가 특히 빠른 것이 특징입니다.

● 공간지능

공간지능Spatial Intelligence은 시공간적 세계를 정확히 인지하고 3차원 세계를 잘 변형시키는 능력입니다. 건축가, 미술가, 발명가와 같은 직업에서 중요한 이 지능은 색깔, 선, 모양, 형태, 공간, 그리고 이러한 요소들의 관계에 대한 민감성과 관련이 있습니다. 신경과학 연구에 따르면 공간지능은 인간 두뇌의 우측 반구와 깊은 관계가 있으며, 시각적 인식 능력과도 밀접한 연관이 있다고 알려져 있습니다. 공간지능이 높은 사람은 방향을 잘 찾아내고, 처음 방문한 곳도 다시 쉽게 찾아갑니다. 도표, 지도, 그림 등으로 시공간적 아이디어를 잘 표현하며, 시각적으로 표현하는 디자인, 그림 그리기, 만들기 등을 선호하는 경향이 있습니다.

● 신체 운동 지능

신체 운동 지능Bodily-Kinesthetic Intelligence이 높은 사람은 몸을 어떻게 움직여야 하고, 반사적으로 어떻게 반응해야 하는지에 대한 타고난 감각을 지니고 있습니다. 이들은 생각이나 느낌을 글이나 그림보다는 몸동작으로 표현하는 능력이 뛰어납니다. 춤을 추거나 연극을 잘하는 것도 이 지능과 관련이 있습니다. 손으로 물건을 다루는 능력이 뛰어나 '손재주가 좋다'는 평가를 받기도 하며, 자동차 운전이나 스케이트, 자전거 타기를 남들보다 쉽게 배우거나 나무를 잘 타는 능력이 있기도 합니다. 즉, 신체 운동 지능이 발달한 사람들은 다른 사람들에 비해 균형 감각과 촉각이 발달해 있습니다.

● 대인관계 지능

대인관계 지능Interpersonal Intelligence은 다른 사람들과 교류하고 이해하며 그들의 행동을 해석하는 능력입니다. 이 지능이 높은 사람은 타인의 기분, 감정, 의향, 동기를 잘 인식하고 구분하며 표정, 음성, 몸짓 등의 단서를 통해 사람을 이해하는 감수성이 뛰어납니다. 또한, 이 지능에는 대인관계에서 나타나는 다양한 신호와 암시를 구별하고 이를 효과적으로 대응하는 능력도 포함됩니다. 대인관계 지능은 드러내지 않는 타인의 의도나 욕구를 알아내는 능력이기도 합니다.

대인관계 지능은 종교 지도자, 정치 지도자, 교사, 치료사, 부모와 같은 역할에서 특히 두드러집니다. 예를 들어, 헬렌 켈러를 가르친 설리반 선생님은 "가장 어려운 문제는 헬렌의 마음을 상하지 않게 하면서 그녀를 훈육하고 통제하는 방법이었다"라고 회고했습니다. 기적 같았던 헬렌의 변화를 이끌어 낸 핵심은 헬렌에 대한 설리반 선생님의 깊은 통찰력에 있었습니다. 이 일화는 대인관계 지능이 언어에만 의존하지 않는다는 점을 시사합니다.

● 자기이해 지능

자기이해 지능Intrapersonal Intelligence은 자기 자신을 이해하고 인식하는 인지적 능력으로 대인관계 지능과 유사한 특성을 보입니다. 이 지능이 높은 사람은 "나는 누구인가?", "나의 감정은 어떠한가?", "나는 왜 이렇게 행동하는가?"와 같이 자기 존재에 대한 깊은 이해를 지닙니다.

● 자연 탐구 지능

자연 탐구 지능Naturalist Intelligence은 다중지능이론 중 가장 최근에 추가된 지능으로, 자연 현상을 인식하고 분류하는 능력입니다. 원시 사회에서는 사람들이 이 지능을 통해 어떤 식물이나 동물을 먹을 수 있는지 판단했습니다. 현대 사회에서의 자연 탐구 지능 예시는 기후 변화에 대한 감수성 등이 있습니다. 이 지능이 높은 사람들은 자연 친화적이며, 동물이나 식물을 알아보는 능력이 뛰어납니다. 식물학자, 과학자, 정원사, 수의사, 해양학자, 공원 관리자, 지질학자 등이 이 지능을 잘 활용하는 직업군에 속합니다.

창의력 대회에 참가하면 이와 같은 다중지능을 키울 수 있습니다. 여러분도 창의력 대회에 참가해서 다중지능을 키워보세요!

세계적으로 많은 창의력 대회가 개최되고 있는데요. 대표적인 창의력 대회로는 세계 대회인 '세계창의력올림피아드OM'와 '대한민국학생창의력올림피아드DI', 국내에서 가장 많은 학생이 참여하는 '대한민국 학생 창의력 챔피언대회', 그리고 대한민국에서 열리는 세계 대회 '세계청소년올림피아드KIYO 4i'가 있습니다. 그러면 각 대회를 자세히 알아볼까요?

선생님, 세계창의력올림피아드가 궁금해요!

세계창의력올림피아드는 어떤 대회인가요?

세계창의력올림피아드OM, Odyssey of the Mind는 미국 뉴저지주 로언대학교의 명예교수 샘 미커스Dr. Sam Mickus가 창설한 대회입니다.

1978년 대회가 처음 열렸을 때는 미국 뉴저지주의 28개 학교 학생들이 참가했습니다. 지금은 각 주의 비영리단체가 오디세이Odyssey 프로그램을 운영하고 있습니다. 각 지역 협회는 대회 운영을 위한 문제와 자료를 제공하는 협회로부터 인가받아 강습회와 대회를 관리합니다. 전 세계에서 온 수천 명의 자원봉사자가 대회 운영을 돕습니다.

세계창의력올림피아드 홈페이지
https://www.odysseyofthemind.com

세계창의력올림피아드 한국본부 홈페이지
https://www.odysseyofthemind.co.kr

세계창의력올림피아드에는 어떻게 참가하나요?

우리나라에서는 (사)한국창의인재육성협회에서 세계창의력올림피아드 참가자를 모집합니다. 즉, 미국에서 열리는 세계 대회의 예선대회인 셈입니다. 보통 12월에 서류 접수를 시작하며, 국내에서의 예선과 본선을 모두 통과하는 팀이 국가대표로서 세계 대회에 참가하게 됩니다.

세계창의력올림피아드는 5~7명의 팀으로 참가해야 합니다. 팀원들이 꼭 같은 학교나 같은 지역이 아니라도 함께 팀을 구성할 수 있습니다. 팀 매니저(지도교사)가 반드시 있어야 하는데, 현직 교원이 아니어도 괜찮습니다.

팀원 중 생년월일이 가장 빠른 참가자를 기준으로 등급이 정해집니다(만 나이). 국내 대회도 세계 대회의 등급 기준을 따릅니다. 참가 등급은 다음과 같습니다.

세계창의력올림피아드 참가 등급

참가 수준(등급)	나이 기준
Ⅰ등급 (유아, 초등학생)	만 12세 미만
Ⅱ등급 (중학생)	만 15세 미만
Ⅲ등급 (고등학생)	만 19세 미만
Ⅳ등급 (대학생)	대학생

세계창의력올림피아드의 문제 유형이 궁금해요!

세계창의력올림피아드는 '장기 도전과제', '스타일 과제', '현장 즉석과제' 를 냅니다.

1. 장기 도전과제|Long-term problem   (200점)

장기 도전과제는 홈페이지를 통해 5개의 선택지가 미리 주어집니다. 각 팀

세계창의력올림피아드 장기 도전과제

도전과제	설명
도전과제 1 (운송장치)	운송 장치 관련
도전과제 2 (과학기술)	과학기술 관련
도전과제 3 (고전예술)	공연 중심
도전과제 4 (구조물)	구조물 관련
도전과제 5 (공연예술)	공연 중심

은 이 중 하나를 선택해 준비합니다. 선택한 과제에서 요구하는 조건을 충족하는 내용을 공연 형태로 준비하여 발표해야 합니다.

2. 스타일 과제|Style problem   (50점)

스타일 과제는 장기 도전과제의 요구사항에 포함되어 있습니다. 도전과제 해결을 더욱 빛나게 하는 요소로, 도전과제 공연에 포함하여 발표해야 합니다. 필수와 선택 항목이 있으며, 양식의 빈칸이 없도록 작성해야 합니다.

3. 현장 즉석과제|Spontaneous problem   (100점)

현장 즉석과제(자발성 과제)는 대회 당일 현장에서 심사위원이 제시하는 과제입니다. 팀원이 모두 협동하여 번뜩이는 아이디어로 재빠르고 창의적으로 과제를 해결해야 합니다.

예를 들어 '언어 자발성 과제'로는 특정 사물에 이름을 붙이거나 설명하기, 팀원들끼리 이야기를 이어가기 등이 있습니다. 제한된 시간 내에 가능한 한 많이 답변하기를 요구할 때는 일반적인 답변과 창의적인 답변의 수, 추가 득점 등으로 평가가 이루어집니다. 또 '직접 자발성 과제'는 주어진 과제를 직접 해결하는 방식으로, 종류가 매우 다양합니다. 현장 즉석과제 예시 자료는 공식 홈페이지의 프로그램 가이드 부록을 참고하면 좋습니다.

세계창의력올림피아드 일정

내용	일시	비고
도전과제(번역본) 공고	8월	– 홈페이지에 도전과제 1, 2, 3, 4, 5 공고
대회 공고	9월	– 홈페이지 공고
국가대표 선발대회 준비 전략 설명회		– 도전과제와 현장 즉석과제 준비 전략 설명회
참가 신청서 제출 마감	1월 중순	– 홈페이지를 통해 서류 제출 – 마감 시한 접수 분까지 유효함 – 제출 서류 양식은 공지사항 및 자료실 참고
서류 심사(예선) 결과 발표	1월	– 홈페이지를 통해 발표
한국대회(본선) 개최	2월	– 당일 폐회식에서 수상자 발표 – 집합 대회 진행이 어려우면 온라인 대회로 변경될 수 있음
미국 세계 대회 참가 설명회	3월	– 한국대회 대상, 금상, 은상, 특별상 수상자에 한함 – 국제대회 수상팀
미국 세계 대회 참가	5월	– 미국 아이오와주립대학교와 미시간주립대학교에서 진행 – 참가 경비는 참가자 본인 부담 원칙 – 국가대표 선발대회와 국제대회에서 국가대표 자격을 부여받은 팀 중에서 신청자에 한함

06

선생님, 대한민국학생창의력올림피아드가 궁금해요!

대한민국학생창의력올림피아드는 어떤 대회인가요?

대한민국학생창의력올림피아드 는 한국학교발명협회KASI, Korea Association for School Invention에서 주관하고 있습니다. 이 대회는 국제학생창의력올림피아드DI, Destination Imagination 출전을 위한 대표팀 선발대회이기도 합니다.

국제학생창의력올림피아드는 다양한 방법으로 참가자들의 창의성, 문제 해결력, 협동심 등을 기르는 것을 목표로 하는 공동체 기반 대회입니다. 매년 5월 말, 미국 테네시주 녹스빌에 있는 테네시대학교에서 열립니다.

대한민국학생창의력올림피아드 또한 청소년들이 새로운 문제에 도

국제학생창의력올림피아드 홈페이지

전하고, 확산적 사고력과 창의력, 통찰력을 발휘해 문제 해결 능력을 기르
는 것을 목표로 합니다. 이를 통해 창의성, 도전정신, 협동성, 도덕성, 자신
감을 갖춘 인재를 육성하는 것을 목적으로 합니다.

대한민국학생창의력올림피아드에는 어떻게 참가하나요?

대한민국학생창의력올림피아드는 5~7명의 팀으로 참가해야 합니다. 같
은 학교 소속이 아니어도 팀을 구성할 수 있습니다. 도전과제 연습을 시작
한 후에도 대회에 참가하기 전까지는 팀원을 교체하거나 추가할 수 있습
니다. 팀원이 5명일 경우에는 최대 3명까지, 팀원이 6~7명일 경우에는 최
대 4명까지 인원 조정이 가능합니다.

　　팀은 반드시 지도교사 1명을 선정해야 하며, 현직 교사가 아니어도
만 18세 이상의 성인이면 가능합니다.

대한민국학생창의력올림피아드 홈페이지

대한민국학생창의력올림피아드의 문제 유형이 궁금해요!

대한민국학생창의력올림피아드 참가 수준

참가 수준	국내대회 대한민국 학제(학년) 기준	세계 대회 (만 나이 기준)
유치부	유치원생 (6세 미만)	
초등부(EL)	1학년~6학년	12세 미만
중학부(ML)	1학년~3학년	15세 미만
고등부(SL)	1학년~3학년	19세 미만
대학부(UL)	대학생 또는 고등학교 졸업 후 대학 진학 예정자	

대한민국학생창의력올림피아드는 '팀 도전과제'와 '즉석과제'를 냅니다.

1. 팀 도전과제|Team Challenge

각 팀은 미리 주어진 5가지 도전과제 중 하나를 선택하여 장기간에 걸쳐 해결해야 합니다. 팀워크를 발휘하여 작품을 제작하고 공연하는 것이 중심 과제Central Challenge이고, 이때 팀원의 특기와 재능을 살려 팀 선택요소 Team Choice Element를 포함할 수 있습니다.

대회 참가 분야는 다음과 같습니다.

대한민국학생창의력올림피아드 팀 도전과제

도전과제 A (기술 분야)	기술공학 도전과제로, 팀이 공학, 조사 연구, 전략 계획 및 관련 기술을 활용하여 과제를 완수해야 합니다.
도전과제 B (과학원리 분야)	과학적 조사와 연구에 대한 호기심을 바탕으로, 공연예술을 창의적으로 결합하는 문제입니다.
도전과제 C (순수예술 분야)	예술 매체와 공연예술, 대본 작성, 소품 디자인을 통해 연기 및 창의적 기술을 개발하는 문제입니다.
도전과제 D (즉흥 분야)	조사 및 연구, 즉흥성, 스토리텔링을 다루며, 팀은 주어진 주제에 따라 즉석에서 즉흥 공연을 준비해 발표합니다.
도전과제 E (구조공학 분야)	구조공학 도전과제로, 팀이 특정 재료를 사용해 무게를 견디는 구조물을 설계하고 제작하여 테스트합니다.

그 외에 유치원생을 위한 도전과제와 봉사활동 도전과제도 있습니다.

대한민국학생창의력올림피아드 봉사활동 분야, 유치원 분야

봉사활동 분야 SL(PO)	봉사활동 도전과제로, 팀이 실제 지역 사회 문제를 해결하는 공적 봉사 활동에 참여하는 것을 목표로 합니다.
유치원 분야	유치원생을 위한 도전과제로, 창의적 과정에 대한 간단한 경험을 제공하며 협동과 새로운 친구를 사귀는 기회를 줍니다.

대한민국학생창의력올림피아드의 도전과제는 일반적으로 11월에서 12월 사이에 공지되며, 참가 신청은 12월에 접수합니다. 매년 12월에는 도전과제 설명회가 열리므로 참가하는 것을 추천합니다.

2. 즉석과제Instant Challenge

단기 과제 해결력을 봅니다.

대한민국학생창의력올림피아드 일정

예선대회는 1월에, 본선대회는 2월에 개최되며, 세계 대회는 7월에 열립니다.

07

선생님,
대한민국 학생창의력 챔피언대회가
궁금해요!

대한민국 학생창의력 챔피언대회는 어떤 대회인가요?

대한민국 학생창의력 챔피언대회는 특허청이 주최하고 한국발명진흥회가 주관하는 대회로, 청소년들이 창의적인 문제 해결 능력을 길러 21세기 지식기반사회를 선도할 인재를 육성하는 것을 목표로 합니다. 이 대회는 우리나라 최고의 학생 창의력 경연의 장으로 자리매김하고 있으며, 국내에서만 진행되는 창의력 대회라는 점이 특징입니다.

참가 학생들은 다양한 경연 활동을 통해 도전정신, 비판적 사고력, 의사소통 능력, 상상력, 협업 능력, 창의력 등 21세기 사회가 요구하는 핵심 역량을 기를 수 있습니다.

대한민국 학생창의력 챔피언대회에는 어떻게 참가하나요?

대한민국 학생창의력 챔피언대회는 팀장을 포함하여 4~6명의 팀으로 참가해야 합니다. 중요한 점은 시·도 예선대회 이후에는 팀원 변경이 불가능하다는 것입니다. 예선 후 결원이 발생해도 팀의 최소 인원은 4명이어야 하며, 만약 4명 미만이 되면 대회에 참가할 수 없습니다.

참가 수준에 따라 초등학교, 중학교, 고등학교 재학생이 참가할 수 있습니다.

대한민국 학생창의력 챔피언대회의 문제 유형이 궁금해요!

대한민국 학생창의력 챔피언대회는 '표현 과제', '제작 과제', '즉석과제'를 냅니다.

대한민국 학생창의력 챔피언대회 문제 유형

표현 과제	창작 공연을 통한 창의성 표현 (초·중·고 문제는 같으나 수준별로 요구사항 차이 있음)
제작 과제	과학원리를 이용한 구조물 등 제작 및 미션 수행(초·중·고 문제별도)
즉석과제	수준별(초, 중, 고) 즉석 문제 해결 능력 평가(비공개 진행)

대한민국 학생창의력 챔피언대회 일정

대한민국 학생창의력 챔피언대회 일정

일시	내용	비고
3~4월	대회 공고 및 접수	– 온라인 접수(www.jp-edu.net)
4월	시·도별 예선대회 서면 심사	– 표현 과제 해결계획서 심사
5월	시·도별 예선대회 참가팀 발표	
6월	시·도별 예선대회 진행 전국 본선대회 참가팀 발표	– 서면 심사 결과(10%) – 표현 과제(50%) – 예선대회 즉석과제(40%)
7~8월	전국 본선대회 진행	– 표현 과제(40%) – 제작 과제(40%) – 본선대회 즉석과제(20%)

대한민국 학생창의력 챔피언대회 세부 운영

	내용	날짜	세부 내용	비고
서면 심사	문제 공고	3월 중	표현 과제 문제 공지 (www.koscc.net)	– 대회 요강, 표현 과제, – 대회 가이드북 등
	참가 접수	4월 중	온라인 접수 (www.koscc.net – 각 시·도별 접수 게시판)	– 참가 신청서 1부 – 표현 과제 해결계획서 1부 – 위임장 1부
	시·도 예선대회 참가팀 발표	5월 초	대회 홈페이지 (www.koscc.net)	
시·도 예선 대회	시·도별 예선대회	6월	표현 과제, 즉석과제 각 1문항	– 표현 과제 시나리오(대본) 3부 – 표현 과제 해결계획서 3부 – 학교장 동의서 1부
	전국 본선대회 참가팀 발표	6월	대회 홈페이지 (www.koscc.net)	
전국 본선 대회	전국 본선대회 참가팀 설명회	6월	추후 통보	– 전국 본선대회 참가팀 (1팀당 2명 참가)
	전국 본선대회 참가팀 서류제출	7월 말 ~ 8월 초	이메일 접수 * 파일 제목 : 수준_팀명	– 표현 과제 해결계획서 1부 – 서약서 1부 – 경비명세서 1부를 하나의 파일로 작성
	전국 본선대회	7월 말 ~ 8월 초	코엑스, 킨텍스, 대전 등 에서 개최	

08

선생님,
세계청소년올림피아드가
궁금해요!

세계청소년올림피아드는 어떤 대회인가요?

세계청소년올림피아드KIYO 4i, Korea International Youth Olympiad 4i는 (재)세계
여성발명·기업인협회가 주최하는 글로벌 청소년 대회로, 초등학교 3학년
부터 대학생까지 참여할 수 있습니다. 이 대회는 발명 및 창의력 분야에서
뛰어난 인재를 발굴하는 것을 목표로 하며, '발명 왕중왕전'과 '창의력 팀
대항전'으로 나뉘어 진행됩니다.

세계청소년올림피아드에는 어떻게 참가하나요?

세계청소년올림피아드는 온라인 접수로 참가 신청할 수 있습니다.

1. 발명 왕중왕전 참가 방법

세계청소년올림피아드 발명 왕중왕전은 1~2명이 한 팀으로 참가할 수 있으며, 개인 참가가 대부분입니다. 초등학교 3학년부터 대학생까지 참가할 수 있습니다.

2. 창의력 팀 대항전 참가 방법

세계청소년올림피아드 창의력 팀 대항전은 3~4명이 한 팀을 이루어 팀 과제를 해결해야 합니다. 초등학교 3학년부터 고등학교 3학년까지 참가할 수 있습니다.

세계청소년올림피아드의 문제 유형이 궁금해요!

1. 발명 왕중왕전 문제 유형

세계청소년올림피아드 발명 왕중왕전은 본인의 아이디어를 발표하는 발명 대회입니다. 참가자들은 발명 문제를 해결하기 위한 다양한 방법을 탐구하고, 그 결과를 알기 쉽게 표현하는 것이 중요합니다.

　　새로운 발명 아이디어를 제시하거나, 국내·외 발명 대회에서 수상한 경력이 있는 참가자가 자신의 발명 아이디어를 더 발전시키기도 합니다.

참가자들은 자신의 발명 아이디어를 기술한 설명서, 요약서, 아이디어의 도면이나 사진을 제출합니다. 또한, 발표 패널과 모형을 준비하여 발명 과정과 결과, 실용성, 경제성 등을 종합적으로 발표해야 합니다. 특히 선행 기술 조사와 특허 진행 상황에 대한 설명도 포함해야 하는데, 이를 통해 발명의 차별성과 잠재적 가치를 강조할 수 있기 때문입니다.

2. 창의력 팀 대항전 문제 유형

세계청소년올림피아드 창의력 팀 대항전에서는 '지정 과제'와 '현장 과제'가 주어집니다.

(1) 지정 과제

지정 과제는 주제에 따라 해결 방안을 발표합니다. 각 팀은 사전에 홈페이지에 공지된 문제에 따라 창작한 발명품 모형과 발표 패널을 지정 장소에 배치 후 발표합니다. 지정 과제 해결서와 요약서도 제출해야 합니다.

(2) 현장 과제

현장 과제는 현장에서 주어진 문제를 즉석에서 해결하는 과제로, 대회 본부에서 제공하는 준비물을 활용하여 과학원리를 이용한 제작 등을 수행해야 합니다.

세계청소년올림피아드
발명 왕중왕전에서 발표하는 팀

세계청소년올림피아드
창의력 팀 대항전 지정 과제를 수행하는 팀

세계청소년올림피아드 창의력 팀 대항전
현장 과제를 수행하는 팀

창의력 대회와 함께하는 1년

월	일정
1월	○ 세계창의력올림피아드OM 참가 신청 마감 ○ 대한민국학생창의력올림피아드DI 예선
2월	○ 세계창의력올림피아드OM 한국대회 본선 ○ 대한민국학생창의력올림피아드DI 한국대회 본선
3월	–
4월	○ 대한민국 학생창의력 챔피언대회 접수 및 서면 심사
5월	○ 세계창의력올림피아드OM 세계 대회 ○ 대한민국학생창의력올림피아드DI 세계 대회
6월	○ 대한민국 학생창의력 챔피언대회 시·도 예선
7월	○ 대한민국 학생창의력 챔피언대회 본선 ○ 세계청소년올림피아드KIYO 4i 접수 및 서류 심사
8월	○ 세계청소년올림피아드KIYO 4i 본선
9월	–
10월	–
11월	–
12월	–

Chapter 2.

창의력 대회로
세계에 도전하라!

세계창의력올림피아드(OM)와
대한민국학생창의력올림피아드(DI)

선생님,
세계창의력올림피아드는
어떻게 운영되나요?

우리 함께 세계창의력올림피아드에 미리 방문해 볼까요? 새롭고 다양한 경험을 제공하는 세계 대회는 도전 정신을 불러일으킬 거예요!

핀 교환Pin Trading

세계창의력올림피아드에서 가장 흥미로운 활동 중 하나는 '핀 교환'입니다. 대회에 참가한 세계 각국의 친구들과 준비해 온 핀을 교환하며, 새로운 친구를 사귀고 다양한 핀을 수집할 수 있습니다. 핀에는 각국의 문화, 생활 방식, 디자인 등이 담겨 있어 핀 교환을 통해 다른 나라의 문화를 자연스럽

세계창의력올림피아드에서 핀 교환을 하는 참가자들

게 접할 수 있습니다. 위 사진은 대회에서 참가자들이 자신의 핀을 다른 지역, 다른 나라의 친구들과 교환하는 모습입니다.

개막식Opening Ceremony

세계 최고의 창의력 축제의 시작을 알리는 개막식은 올림픽 개막식을 연상하게 하는 웅장한 행사입니다. 각국의 대표가 한자리에 모여 열띤 분위기 속에서 대회의 시작을 기념합니다. 이 개막식은 대회에서 참가자들에게 가장 설레고 가슴 벅찬 순간으로 기억됩니다.

창의력 축제Creativity Festival

대회 기간 캠퍼스 곳곳에서는 다양한 주제의 창의력 축제가 열립니다. 참가자들은 이 축제에 참여해 창의적인 활동을 즐기고, 새로운 아이디어와 경험을 공유할 수 있습니다. 창의력 축제는 대회 분위기를 더욱 활기차게 만들며, 참가자들이 상상력과 창의력을 마음껏 발휘할 수 있는 특별한 시간을 선사합니다.

도전과제 공연Long Term Problems

각 팀은 선택한 도전과제의 해결 과정을 발표하며 각국의 창의력 대회 대표들 앞에서 아이디어를 뽐냅니다.

자발성 과제Spontaneous Problems

대회 중 팀에게 주어지는 과제를 팀원의 기발한 아이디어와 협동을 통해 창의적으로 해결해야 합니다. 이는 학생들이 가장 좋아하고 즐거워하는 순간이기도 합니다.

폐막식Award Ceremony

각자의 기량을 경쟁하는 대회인 만큼 학생들은 온 힘을 다해 최고의 결과를 이루기 위해 노력합니다. 그러나 창의력 대회는 무엇보다 우정의 장으로, 학생들은 경쟁자들로부터 배우고 서로를 응원합니다. 이러한 점이 창의력 대회의 큰 장점이라고 생각합니다.

세계창의력올림피아드 개막식

세계창의력올림피아드 폐막식

폐회식에서는 여러 사람의 확인 작업을 거친 각 팀의 대회 점수를 게시합니다. 우리는 전 세계 학생과 겨룬 우리 팀의 창의력 점수를 확인할 수 있습니다.

선생님,
세계창의력올림피아드의 도전과제는
어떻게 분석하나요?

세계창의력올림피아드OM의 가장 큰 장점으로는 매년 출제되는 창의적이고 도전적인 과제들을 꼽을 수 있습니다. 각 팀은 주어진 과제를 각자의 창의력으로 해석해야 합니다.

학생들은 매년 과제가 나오기를 손꼽아 기다리며, 과제를 어떻게 해석하고 준비할지 고민하고 계획합니다. 학생들은 이 과정을 통해 새로운 과제에 대한 기대감을 기를 뿐 아니라 다른 나라 친구들은 이를 어떻게 풀어갈지 상상하며 즐거운 사고의 시간을 갖습니다.

우리나라 학생들이 해결한 주요 과제들을 살펴보며 OM의 요강을 분석하는 방법을 알아보겠습니다.

충격파 과제(도전과제 4)

● 과제 설명

발사 목재와 접착제를 사용해 하나의 구조물을 설계하고 제작하는 과제입니다. 이 구조물은 충격파를 흡수하면서 최대한 많은 무게를 지탱해야 합니다.

    팀들은 구조물 위에 구조물 지지판Crusher Board을 놓고 그 위에 바벨을 올려놓습니다. 그다음 2개의 간격 장치를 그 위에 놓고, 맨 위에는 또 하나의 무게를 얹습니다. 이때 팀들은 무게를 더하기 전에 간격 장치들을 제거합니다. 그러면 맨 위의 무게가 전체 무게 더미에 낙하하면서 충격파를 발생시키는데 이것이 과제의 핵심입니다.

    각 팀에게는 간격 장치 세트 5개가 제공됩니다. 각 세트를 사용할 때마다 팀은 점수를 획득합니다. 또한, 팀은 구조물이 지탱한 무게와 구조물 배치의 창의성도 평가받습니다. 마지막으로, 이 구조물 실험은 공연 주제와 통합되어야 합니다.

▶▶ 우리 팀은 무엇보다 구조물의 디자인, 구조물을 테스터에 올리는 방법, 그리고 무게 배치 방식을 팀의 공연에 자연스럽게 통합하는 방법을 창의적으로 구현하고자 하였습니다.

팀은 발사 목재와 접착제로 하나의 구조물을 설계하여 실험하는 것을 우

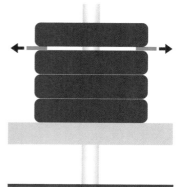

간격 장치를 제거하면 맨 위의 바벨이 떨어지면서 충격파를 발생시킨다.

선 목표로 삼았습니다. 구조물은 간격 장치를 차례로 제거할 때 발생하는 충격파를 견뎌야 합니다. 간격 장치의 설계와 기능은 고민해 볼 중요한 문제였습니다.

우리 팀은 18g의 발사 구조물을 3단 트러스 형태로 제작하고, 충격파를 유발하는 부분을 집중적으로 고민했습니다. '어떤 간격 장치를 사용해야 충격을 최소화할 수 있을까?'라는 질문에 대한 답을 찾기 위해 여러 차례 회의와 실험을 거친 끝에, 바벨과 장치 사이의 마찰력이 가장 작으면서 빠르게 제거할 수 있는 매끄러운 표면의 쇠 봉을 선택했습니다.

그 결과, 구조물은 5회의 충격에도 흔들림 없이 300kg의 하중을 견딜 수 있었습니다.

● 제한 사항

(1) 제한 시간: 8분

주어진 시간은 계시원이 "팀 여러분, 시작하세요"라고 말하는 순간부터 시작됩니다. 이 제한 시간 안에 장비 설비와 스타일 과제 해결을 포함한 발표가 모두 이루어져야 합니다.

▶▶ 우리 팀은 도전과제와 스타일 과제에 약 7분 10초가 걸렸습니다. 제한 시간을 지키기 위해 우리 팀은 연습 때도 대회처럼 시간을 측정했고, 이러한 반복 연습이 매우 중요하다는 점을 깨달았습니다. 항상 대회와 동일한 조건에서 연습하는 것은 매우 효과적입니다.

(2) 제한 비용: 140달러(USD, $)

팀이 과제 해결(스타일 과제 포함) 시 사용하는 모든 재료의 총비용은 이 한도를 넘기면 안 됩니다. OM 프로그램 가이드에는 제한 비용에 관한 설명과 함께 면제되는 품목들의 목록이 포함되어 있습니다. 반드시 프로그램 가이드를 확인하세요!

▶▶ 우리 팀은 이미 학교에 있던 용품과 대여품, 재활용품을 활용하여 최소한의 비용으로 과제를 해결하였습니다. 그 결과 총 15만 7,450원을 썼습니다.

(3) 구조물의 조건

① 구조물은 외부인의 개입 없이 팀원들이 디자인하고 제작해야 합니다.

▶▶ 우리 팀은 대회 한 달 전부터 요강을 분석하고, 대회에서 요구하는 구조물의 디자인과 조건을 확인하며 매일 제작과 파괴 실험을 반복해 효율성을 점검했습니다. 구조물은 18g 이내의 무게로, 최대한 많은 하중을 견딜 수 있도록 설계했습니다.

② 구조물은 발사 목재와 접착제로만 제작해야 합니다.

▶▶ 대회 규정에 따른 발사 목재는 길이 90cm에 무게와 강도가 1g에서 4g까지 다양하므로, 한 종류의 목재를 선택할 때도 여러 옵션이 있습니다. 우리 팀은 무게를 측정해 가며 실험을 진행했습니다.

③ 구조물의 무게는 18g을 초과할 수 없습니다.

▶▶ 대회마다 기준이 조금씩 다르지만, 일반적으로 무게와 강도는 비례하므로 최대한 18g에 맞추는 것이 중요합니다. 이때 약 10% 정도의 무게는

발사 목재 선정 후
구조물 제작

무게 측정(weigh-in),
기준 통과

구조물 지지판을 지탱

제습제나 드라이기를 사용해 줄일 수 있으므로 다양한 실험을 진행하는 것이 좋습니다.

④ 구조물이 테스터 바닥에 놓이고 구조물 지지판을 지탱할 때, 높이는 최소 8인치(20.32cm) 이상이어야 합니다. 단, 이 높이 조건을 충족하기 위해 구조물에 연장 조각을 부착하는 것은 허용되지 않습니다.

▶▶ 처음 구조물을 제작해 보는 학생들에게는 정확한 높이를 맞추는 것이 쉽지 않을 수 있습니다. 그런데 이 기준은 왜 생긴 걸까요? 왜냐하면, 높이가 낮을수록 구조물이 무게를 지탱하는 데 유리하기 때문입니다. 경험상 구조물을 약 21cm로 제작하고 사포로 갈아 높이를 조절하면 기둥 면이 고르게 다듬어지고 균형도 잡히는 일석이조의 효과를 얻을 수 있습니다. 처음부터 20.32cm에 맞춰 제작하면 균형을 맞추기 까다로워서 규정을 어길 위험이 있습니다. 항상 조건을 유념하며 제작하는 것이 중요합니다.

⑤ 구조물에는 구조물 높이 전체를 통과하는 구멍이 있어야 합니다. 그리고 구조물이 테스터 위에 놓였을 때, 이 구멍 안으로 지름이 2인치(5.1cm)인 원기둥이 들어갈 수 있어야 합니다. 즉, 구조물의 구멍의 지름은 2인치(5.1cm)보다 커야 합니다.

▶▶ 이 구멍은 무게 측정 과정에서 구조물을 원기둥 위에 올려놓았을 때, 구

조물이 다른 도움 없이 원기둥을 타고 완전히 내려가는지 아닌지로 측정될 것입니다. 무게 배치 과정에서 테스터의 안전 파이프가 이 구멍 안에 들어가 있어야 합니다.

(4) 구조물에 사용되는 발사 목재

① 발사 목재는 반드시 시중에서 판매되는 발사 목재 조각에서 잘라 사용해야 하며, 다른 종류의 목재나 비정품 발사 목재는 사용할 수 없습니다.

▶▶ 우리는 주로 강남 터미널의 한가람 문구와 남대문 시장의 알파문구에서 발사 목재를 샀습니다. 더 다양한 종류를 찾고자 한다면, 미국의 웹 사이트 www.specializedbalsa.com도 추천합니다.

② 발사 목재의 단면은 1/8인치(가로)×1/8인치(깊이)(0.32cm×0.32cm)를 초과할 수 없습니다. 단, 시중 판매되는 발사 목재의 종류에 따라 약간의 차이가 있을 수 있으므로, 1/8인치보다 약간 큰 0.135인치(0.33cm)까지 허용됩니다.

③ 팀이 목재를 처음 받을 때, 그 길이는 최소 36인치(0.91m)인 조각이어야 합니다.

④ 목재는 어떤 방식으로든 인위적으로 강화되어서는 안 됩니다. 팀이 목재에 표시하거나 색칠을 할 수는 있으나, 이로 인해 목재의 강도가 향상되어서는 안 됩니다.

크기가 다양한 발사 목재

크기가 같은 발사 목재도
무게가 다를 수 있다.

무게에 따라 분류한 발사 목재

▶▶ 일반적으로 발사 목재는 연한 베이지색을 띠는데, 좀 더 멋있게 보이도
록 스프레이나 물감을 사용해 본 경험이 있으나, 이는 무게를 증가시키
므로 권장하지 않습니다.

⑤ 팀은 발사 목재만을 사용해 구조물을 만들어야 합니다. 접착제는
사용할 수 있지만, 그 외의 어떤 재료도 사용해서는 안 됩니다.
사용할 수 있는 접착제의 종류는 록타이드, 오공본드, 에폭시, 양
면테이프입니다. 여러 종류의 접착제를 사용할 수 있지만, 구매했
을 때 상태 그대로 사용해야 합니다. 다른 이물질을 첨가할 수는
없습니다.

▶▶ 록타이드, 오공본드, 에폭시, 양면테이프를 사용해서 실험한 결과, 록타
이드가 빠르게 접착되고 강도가 높으며 구하기도 쉬워 과제에 사용하기
에 가장 적합했습니다.

(5) 다섯 개의 간격 장치 세트

① 각 세트에는 2개의 간격 장치가 포함되어야 하며, 각 세트는 한 번만 사용할 수 있습니다.

② 3개의 서로 다른 크기가 주어집니다. 다른 크기의 간격 장치를 구성할 때 이 크기를 반드시 지켜야 합니다. 우리는 쇠 봉, 나무 막대, 나무 봉, 플라스틱 막대 중에서 간격 장치를 선정하기로 하였습니다.

③ 간격 장치 세트들은 서로 다른 크기로 구성될 수 있습니다.

▶▶ 여러 간격 장치로 실험한 결과, 쇠 봉이 바벨 사이에서 잘 빠져 구조물에 가해지는 충격을 최소화할 수 있었습니다.

④ 간격 장치는 팀이 이를 빼냈을 때 위에 있던 무게가 아래 무게 더미로 바로 떨어지도록 설계되어야 하며, 실제로도 이렇게 사용되어야 합니다. 위의 무게는 서서히 떨어지거나 떨어지는 중간에 저항을 받으면 안 됩니다.

▶▶ 간격 장치를 제거할 때, 2명의 팀원이 호흡을 맞춰 "하나, 둘" 구령에 맞춰 동시에 짧은 시간 내에 빼야 위의 무게가 아래로 전달됩니다. 이때 학생들은 미끄러지지 않는 장갑을 착용하고 연습을 진행했습니다.

열주 과제(도전과제 4)

● 과제 설명

열주列柱, Column Structure 과제는
함께 기능하여 최대한 많은 무게
를 균형 있게 지탱할 수 있는 발
사 목제 기둥들을 설계하고 제작
하는 과제입니다. 팀은 기둥들을
테스터 위에 배치하고, 그 위에
구조물 지지판을 올려놓을 때 기
둥을 제자리에 고정할 하나의 장

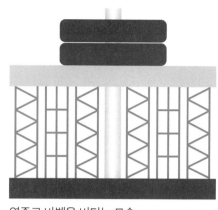

열주로 바벨을 버티는 모습

치를 만들어야 합니다. 구조물 지지판이 제자리에 놓인 후에는 이 장치를
제거하고, 기둥 구조물 위에 무게를 계속 올려 구조물의 지탱력을 시험합
니다. 이 실험은 구조물이 부서지거나 정해진 시간이 끝날 때까지 진행됩
니다. 장치가 제거된 이후에는 기둥들이 서로 연결되어서는 안 됩니다. 또
한, 팀은 기둥 구조물에 사용된 기둥의 개수에 따라 보너스 점수를 얻게 됩
니다.

이 과제의 창의성은 기둥 자체의 설계, 기둥들이 무게를 지탱하기 위
해 상호작용하는 방식, 그리고 팀이 고안한 장치의 디자인에 있습니다. 여
기에는 기둥을 테스터 위에 어떻게 배치하고, 구조물 지지판이 그 위에 올
려지는 동안 기둥들을 어떻게 제자리에 고정할 것인지에 대한 창의적인

열주 문제로 만든 폭이 2.5cm×2.5cm이고 트러스가 4단인 기둥

접근이 포함됩니다.

　　팀 도전과제는 팀이 발사 목재 기둥들로 이루어진 하나의 구조물을 설계하고 제작하여 실험하는 것입니다. 또한, 기둥들을 테스터 위에 배치하고 구조물 지지판이 올려질 때까지 기둥들을 고정할 수 있는 하나의 장치를 설계하고 제작하여 사용하는 것입니다.

▶▶ 구조물로는 위의 사진과 같이 폭이 2.5cm×2.5cm이며 트러스가 4단으로 구성된 기둥 4개를 제작하여 사각형 구조로 배치한 후 테스트할 것입니다. 같은 구조로 4개를 선택한 이유는 각 구조물에 무게가 균등하게 분배되도록 하기 위함입니다. 규정상 2개의 기둥은 5cm×5cm 측정 공간과 2.5cm×2.5cm 기준을 모두 충족할 수 있었습니다. 기둥은 단면이 2.5mm×2.5mm인 목재를 사용해 제작했고, 트러스에는 단면이 1.5mm×3.0mm인 목재를 사용했습니다.

● 제한 사항

(1) 제한 시간 8분

심사위원이 "팀 여러분, 시작하세요"라고 말하는 순간부터 시간이 시작됩니다. 주어진 8분 동안 팀은 장비 설치를 포함하여 스타일 과제와 문제 해결 발표를 모두 완료해야 합니다.

▶▶ 우리는 공연과 구조물이 어느 정도 준비가 완료된 후 대회 1주일 전부터 실제 대회처럼 연습을 진행했습니다. 공연 시간도 7분 30초로 맞추고, 구조물 실험도 최대한 7분 30초 이내에 마칠 수 있도록 반복해서 연습했습니다.

(2) 제한 비용: 145달러(USD, $)

팀이 과제 해결(스타일 포함)을 발표할 때 사용하는 모든 재료의 총비용은 이 한도를 초과할 수 없습니다.

▶▶ 우리 팀의 재료 창고는 바로 재활용 장소였습니다. 아파트 앞 재활용 장소에 가면 다양한 재활용품이 버려져 있어 이를 활용하고, 대여품 및 기존 학교 용품을 사용하여 최소한의 비용으로 과제를 준비하고자 노력했습니다.

(3) 창작 공연 기획 시 포함해야 하는 요소

① 발사 목재로 제작한 기둥들: 이 기둥들은 서로 닿지 않은 상태에서

함께 작용하여 최대한 많은 무게를 지탱해야 합니다.

▶▶ 우리는 요강에 명시된 규정에 따라 규격에 맞는 발사 목재로 기둥을 제 작했으며, 각각 4개의 기둥을 만들어 서로 닿지 않은 상태에서 무게를 지탱하도록 설계했습니다.

우리 팀이 만든 열주 구조물이 바벨을 버티는 모습

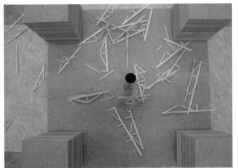

높이가 다를 때 쉽게 부서지는 기둥

② 팀이 직접 만든 장치: 이 장치는 기둥들을 테스터 바닥에 올린 후 구조물 지지판을 올릴 때까지 기둥들을 고정해야 합니다.

▶▶ 우리는 각 기둥의 높이, 크기, 넓이를 정확히 맞추어 제작했으며, 4개의 구조물이 수평을 잘 유지하도록 조정하여, 구조물 지지판을 올릴 때까 지 각 기둥이 독립적이고 안정적으로 설 수 있도록 했습니다. 또한, 스티 로폼으로 장치를 제작하여 각 기둥이 정사각형 형태를 유지할 수 있도록 고정했습니다.

최종 디자인한 기둥

(4) 외부인의 도움 없이 팀원들이 디자인하고 제작한 기둥

① 우리는 각 기둥을 폭이 2.5cm×2.5cm인 정사각형으로 하였습니다.

② 발사 목재로만 만들어야 하지만, 접착제는 사용할 수 있습니다.

▶▶ 우리는 단면이 2.5mm×2.5mm인 목재를 사용하여 기둥을 제작하고, 단면이 1.5mm×3.0mm인 목재를 사용하여 트러스를 부착했습니다. 접착제는 가장 사용하기 편리하고 강력한 록타이트 401을 썼습니다.

③ 무게는 최소 2g이어야 합니다.

▶▶ OM에서는 효율보다는 얼마나 많은 무게를 지탱했는지로 평가하기 때문에, 대부분 팀이 무게 제한에 최대한 근접하게 제작하려고 합니다. 우리 팀도 이 점을 고려하여, 구조물이 지속해서 무게를 견딜 수 있도록 2g을 초과하는 무게로 제작했습니다.

④ 기둥 크기에 대한 제한을 준수해야 합니다. 이 제한사항은 기둥들이 무게를 지탱할 자세로 놓여 있을 때의 밑바닥에만 적용됩니다. 기둥 밑바닥 크기에 대한 제한은 참가 급마다 다르므로, 해당 급을 확인하는 것이 중요합니다. 이제 사례를 살펴보겠습니다.

III등급(고등학생)·IV등급(대학생): 2개의 기둥은 각각 2인치×2인치 (5.08cm×5.08cm) 크기의 측정 공간 안에 들어갈 수 있어야 하며, 나머지 기둥들은 각각 1인치×1인치(2.54cm×2.54cm) 크기의 측정 공간 안에 들어갈 수 있어야 합니다.

▶▶ 2개의 기둥은 각각 2인치×2인치(5.08cm×5.08cm) 크기의 측정 공간 안에 들어갈 수 있어야 하며, 나머지 기둥들은 각각 1인치×1인치 (2.54cm×2.54cm) 크기의 측정 공간 안에 들어갈 수 있어야 한다는 과제에서 고등학교 팀이었던 우리는 III등급 과제에 도전했기 때문에, 폭을 2.5cm×2.5cm로 설정하여 모든 기둥이 각 측정 공간에 들어갈 수 있도록 계획했습니다.

(5) 기둥 구조물

① 이 구조물은 무게를 지탱하는 데 사용될 팀의 개별적인 기둥들로 이루어져 있어야 합니다.

▶▶ 우리는 폭이 2.5cm×2.5cm인 개별 기둥을 4개 만들었습니다.

② 구조물의 전체 무게는 18g을 초과할 수 없습니다.

▶▶ 각 기둥의 무게가 약 4g이므로, 4개를 만들어도 18g을 넘지 않도록 계획
했습니다.

③ 구조물은 팀이 직접 만든 장치를 테스터 위에 올려야 합니다. 이
장치는 기둥을 1개씩 올려놓을 수도 있고, 여러 개를 한꺼번에 올
려놓을 수도 있습니다.

▶▶ 우리는 아래의 사진처럼 스티로폼으로 옮기는 장치를 만들어, 정사각형
형태로 구멍을 뚫고 각 구조물을 해당 구멍에 넣어 정사각형 배열로 테
스터 위에 올릴 수 있도록 했습니다.

장치를 이용해 테스터 위에 구조물을 올려놓고 있다.

열리는 구조물 과제(도전과제 4)

● 과제 설명

우리 팀에게 주어진 과제는 발사 목재와 접착제로만 구성된 구조물을 설계하고 제작하는 것입니다. 이 구조물은 반드시 두 부분으로 이루어져 있어야 하며, 두 부분은 하나의 '경첩hinge'으로 연결되어야 합니다. 두 부분이 연결된 상태에서 접혀 하나의 완성된 구조물을 이루어야 합니다. 연결에 사용하는 경첩은 발사 목재와 접착제가 아닌 다른 재료로 제작할 수 있습니다.

최종 제작한 열리는
구조물의 일부

이 과제는 두 부분의 구조물이 접히면서 하나의 완성된 형태로 변신하는 방식을 중심으로 창의성을 판단합니다. 팀은 구조물 위에 무게를 올려 실험을 진행하며, 이 구조물 실험을 독창적인 공연에 통합해야 합니다. 공연에는 접히거나 펼쳐지면서 변신하는 3가지 각기 다른 사물이 등장해야 합니다.

● 제한 사항

(1) 제한 시간: 8분

계시원이 "팀 여러분, 시작하세요"라고 말하는 순간부터 시작되며, 이 8분 안에 장비 설치, 스타일 발표, 과제 해결을 모두 완료해야 합니다.

▶▶ "뛰어!"라는 구호는 우리에게 주어진 8분의 시작을 알리는 신호로, 무대를 들고 이동하라는 사인이었습니다.

(2) 제한 비용: 145달러(USD, $)

과제 해결(스타일 과제 포함)을 발표할 때 사용하는 모든 재료의 총비용은 제한 비용을 초과할 수 없습니다.

▶▶ 한 달 동안 재활용 장소를 탐색하고 학교 선배들이 모아둔 재료들 덕분에 우리는 제한 비용 내에서 과제를 해결할 수 있었습니다.

(3) 창작 공연 기획 시 포함해야 하는 요소

① 발사 목재와 접착제로 만들어진 구조물: 구조물들은 하나의 경첩으로 이어져 있어야 하며, 접혔을 때 하나의 완성된 구조물이 되어야 합니다.

▶▶ 우리 팀은 위에서 봤을 때 ㄷ자 형태의 구조물 2개를 제작했습니다. 무게 제한 때문에 시중 경첩 대신 테이프를 경첩으로 사용하여 2개의 구조물 덩어리를 연결했습니다. 이 두 구조물을 접으면 하나의 사각기둥 형태가 되어, 테스터 위에서 무게를 지탱할 수 있습니다.

② 접히거나 펼쳐지면서 외관이 변하는(즉, 변신하는) 3가지 각기 다른 사물

▶▶ 우리 팀의 변신하는 사물은 3가지입니다. 첫 번째는 정글과 궁전 2가지

무대 배경을 앞뒤로 접어가며 무대를 전환할 수 있는 벽면입니다. 두 번째는 초콜릿 성의 내부를 보여주기 위해 열리는 문, 마지막으로는 삼각 기둥 모양의 6개의 초콜릿 바가 펼쳐지면서 거울로 변신하는 초콜릿 마법 거울입니다.

③ 구조물 실험과 세 개의 사물을 포괄하는 공연 테마
▶▶ 우리 공연의 테마는 '정글과 초콜릿'입니다. 초콜릿 마녀가 지배하는 정글에서 열심히 일하는 노동자들, 초콜릿 성, 초콜릿 거울 등 모든 주제와 요소가 초콜릿과 연관되어 있으며, 이야기는 정글을 배경으로 펼쳐집니다.

(4) 구조물의 제작 고려 사항

구조물은 외부인의 도움 없이 팀이 직접 디자인하고 제작해야 하며, 최소한 두 개의 부분으로 구성되어야 합니다. 또한, 두 부분은 하나의 경첩으로 연결되어야 하며, 이 부분들이 함께 접히면서 하나의 완성된 구조물을 이루도록 설계해야 합니다.

우리 팀은 총 네 가지 방식의 구조물 디자인을 논의했습니다.
- 기둥을 잘라 6인치 큐브 안에 들어가게 하는 방식
- ㄷ 자 모양을 서로 마주 보게 놓고 접어 올리는 방식
- 기둥과 트러스는 고정하고, 긴 막대를 더해 기둥을 보강하며 접히는 방식
- 삼각형이 두 개가 접혀 올라가는 방식

첫 번째 디자인이었던 '기둥을 자르는 구조물'은 생각했던 것보다도

단으로 만들어 열리는 구조물을 제작

많은 팀이 실제 대회에 유사한 디자인으로 제작해 왔습니다. 우리는 이 네 가지의 다양한 디자인의 구조물을 제작해 보면서 구조물을 완성하기 위해 최선을 다했습니다.

(5) 팀은 발사 목재와 접착제만을 사용해 구조물을 만들어야 합니다. 단, 경첩은 어떤 재료로든 만들 수 있습니다.

▶▶ 우리 팀은 경첩으로 테이프를 사용했습니다. 다른 경첩을 사용할 수도 있었지만, 테이프만큼 잘 접히고 접착력이 좋은 재료를 찾기 어려웠기 때문입니다. 그러나 단순한 접착만으로는 접힌 구조물이 제대로 무게를 지탱하지 못했기에, 우리는 다른 여러 가지 대안도 고려했습니다.

(6) 구조물 실험이 진행되는 동안, 경첩은 계속 구조물에 부착된 상태로 유

지되어야 합니다.

구조물을 펼치거나 접은 상태에서 거꾸로 들거나 옆으로 돌리는 등 어떤 방식으로 들어도 모든 부분이 경첩으로 서로 이어져야 합니다. 이때 경첩은 구조물의 무게 지탱력을 강화하도록 설계되어서는 안 됩니다.

▶▶ 우리 팀은 양면테이프로 경첩 부분을 접착해 형태를 유지하려 했으나, 이는 규정 위반에 해당하여 사용하지 않았습니다.

(7) 경첩을 포함한 구조물의 총무게는 18g을 초과할 수 없습니다.

▶▶ 초기 실험용 구조물은 24g 이상이었으나, 대회용은 18.3g으로 제작한 후 드라이어를 이용해 건조했습니다.

(8) 펼쳐진 상태에서 테스터 위에 놓였을 때, 구조물의 모든 치수(길이, 너비, 높이 등)가 6인치를 넘지 않거나, 최대 크기가 25인치×3.5인치×2.25인치 (63.5×8.89×5.72cm) 이내여야 합니다.

▶▶ 이번 과제에서는 2가지 방법으로 구조물을 제작할 수 있었습니다. 첫 번째 방법은 가로, 세로, 높이가 모두 6인치 이내로 설계하는 방식이고, 두 번째는 가로, 세로, 높이가 63.5cm×8.89cm×5.72cm 이내로 설계하는 방식입니다. 첫 번째 방법의 경우, 높이 제한이 8인치이기 때문에 기둥을 자르는 것이 불가피합니다. 그러나 우리는 기둥을 자르면 구조물이 흔들리거나 부서질 가능성이 더 크다고 판단하여, 기둥을 자르지 않고 제작할 방법을 여러 가지로 고민했습니다. 그 결과 ㄷ 자 모양을 서로 마

우리 팀이 구상한 열리는 구조물을 접는 방법

DESIGN 1

이 구조물은 기둥을 분리해 끼우는 방식으로 설계했습니다. 밑에서부터 6인치 지점에서 기둥을 잘라 나머지를 옆으로 넘기는 구조였으며, 이것이 우리 팀의 첫 번째 디자인이었습니다. 그러나 예상보다 많은 문제점이 발생했습니다. 기둥을 자르지 않고도 구조물을 제작해 보고 싶은 마음이 생겨, 이 디자인을 보류하고 새로운 구조물 제작에 돌입했습니다.

DESIGN 2

두 번째 구조물은 기둥을 자르지 않는 방법을 시도해 보자는 아이디어에서 출발했습니다. 대회 규정에 따르면 가로, 세로, 높이가 각각 63.5cm, 8.89cm, 5.72cm 이내여야 했습니다. 63cm라는 조건이 우리에게 딱 맞는다는 점을 확인하고 이 구조물을 제작했습니다. 이 구조물은 ㄷ 자 모양 구조물을 반으로 접어 ㅁ 자로 만드는 형식입니다.

DESIGN 3

이 구조물도 두 번째 디자인과 동일한 규정을 따랐습니다. 첫 번째, 두 번째 디자인 모두 기존의 구조물을 분리한 형태였는데, 이번 구조물은 기존 구조물에는 손을 대지 않고 기둥만 추가하여 규정에 맞게 설계했습니다. 이렇게 제작된 구조물은 앞서 제작된 두 구조물과 거의 비슷한 무게를 견뎌냈고, 우리는 최종 디자인 선택에 대해 깊은 고민에 빠졌습니다.

DESIGN 4

이 구조물은 두 번째 구조물과 동일한 방식으로 접히지만, 모양이 삼각형입니다. 그러나 이 방법은 기둥 하나를 줄일 수 있어 무게 제한을 더 효과적으로 극복할 수 있습니다. 즉, 기둥을 조금 더 튼튼하게 제작할 수 있는 여유가 생깁니다.

주 보게 붙이거나 기둥을 보강하는 2가지 방법을 시도했습니다.

(9) 접힌 상태(즉, 실험할 상태)에서 구조물의 높이는 최소 8인치(20.32cm)이어야 합니다.

▶▶ 위에서 언급했듯이, 구조물이 실험될 높이는 8인치입니다. 따라서 우리는 기둥을 자르지 않는 방법을 선택했습니다.

(10) 구조물은 펼친 상태로 테스터 위에 놓여야 합니다.

그다음 팀은 부분들을 접어 구조물을 완성하고, 그 위에 구조물 지지판과 무게를 올려 구조물을 실험할 것입니다.

(11) 구조물은 접힌 상태에서 전체 높이를 통과하는 구멍을 지니고 있어야 하며, 이 구멍 안에 지름이 2인치(5.1cm)인 안전 파이프가 들어갈 수 있어야 합니다.

즉, 구조물의 구멍 지름은 2인치(5.1cm) 이상이어야 하며, 이 구멍은 무게를 재는 과정에서 측정됩니다. 무게 배치 과정에서는 이 구멍 안에 안전 파이프가 들어가 있어야 합니다.

▶▶ 우리가 생각한 기둥을 보강하는 디자인은 사실 이 부분에서 문제가 발생했습니다. ㄷ 자 구조와 달리 이 방법은 밑면이 5.72cm×8.89cm로, 바벨이 조금만 빗나가도 기둥에 구조물이 닿아 부서질 위험이 있었습니다. 그러나 우리는 기둥을 추가로 보강하는 동시에 무게를 줄이는 방법을

연구하였습니다.

(12) 구조물 접기

① 구조물은 구조물의 각 부분을 이어주는 하나의 경첩을 통해 접혀
야 합니다. 팀은 구조물에 표시를 합니다. 심사위원들은 펼쳐진 상
태에서 구조물을 위에서 볼 때 이 표시를 확인할 수 있어야 하고,
접힌 상태에서는 표시가 보이지 말아야 합니다. 단순히 구조물 일
부분을 돌려서 표시가 보이지 않게 하는 것은 구조물을 접는 것으
로 간주하지 않습니다.

② 팀은 구조물을 펼친 상태로 테스터에 올려놓은 다음 접습니다. 구
조물이 펼쳐진 상태에서 지름이 2인치(5.1cm)인 막대기가 구조물
안에 들어가지 않을 경우, 팀은 테스터 가장자리에 구조물을 놓고
접은 후, 막대기가 구조물을 통과하도록 구조물을 테스터에 다시
제대로 올려놓습니다.

▶▶ 우리 팀은 총 5가지 방법으로 구조물을 접는 방식을 시도했습니다. 다
만, 위와 같은 규정들 때문에 많은 고민과 실험을 거쳐 최종적으로 구조
물을 완성했습니다.

(13) 구조물에 사용되는 발사 목재

① 발사 목재는 오직 시중에서 판매되는 발사 목재에서 잘린 것만 사
용할 수 있습니다. 다른 목재나 변형된 발사 목재는 사용할 수 없

접혔을 때 보이지 않을 표시를
빨강 펜으로 한다.

접힌 후에는 빨강 펜의 표시가
보이지 않는다.

다는 규정이 있습니다.

② 발사 목재의 단면은 1/8인치(0.32cm)×1/8인치(0.32cm)를 초과할
수 없습니다. 다만, 시중 판매되는 발사 목재의 종류에 따라 약간
의 차이가 있을 수 있으므로 허용되는 최대 치수는 1/8인치보다
약간 더 큰 0.135인치(0.33cm)입니다.

③ 팀이 발사 목재를 처음 받을 때, 그 조각의 길이는 최소 36인치
(0.91m)이어야 합니다.

▶▶ 발사 목재는 지역과 용도에 따라 품질이 크게 달라지며, 한 묶음 안에서
도 각각의 발사 가닥이 서로 다른 무게와 두께를 가지고 있습니다. 팀은
하나의 구조물을 위해 모든 발사 목재의 무게를 하나씩 측정하고, 곧고
균일한 나무를 신중히 골라냅니다. 그 과정에서 버려지는 발사 목재의
양도 상당히 많습니다.

④ 팀원이 아닌 다른 사람이 목재를 선택하면 안 됩니다. 팀원들은 일반적으로 알려진 등급의 목재를 직접 주문할 수 있지만, 그 외에 누구도 특정 목재 조각을 대신 고를 수 없습니다. 팀원이 아닌 사람이 목재를 선택할 경우, 심사위원들은 이를 '외부 도움'으로 간주해 벌점을 부과할 수 있습니다.

⑤ 팀은 목재를 직접 잘라야 합니다. 단, 원래 목재 조각의 수직 부분을 자르는 것은 예외입니다. 팀원이 아닌 다른 사람이 목재를 자를 경우, 심사위원들은 이를 '외부 도움'으로 간주하여 벌점을 부과할 수 있습니다.

⑥ 팀은 사인펜 등으로 목재에 표시하거나 색칠할 수 있습니다. 단, 이 과정에서 목재가 인위적으로 강화되어서는 안 됩니다. 접착제를 사용하는 것 자체는 구조물을 인위적으로 강화하는 것에 해당되지 않습니다.

구입한 발사 목재에서 실제로 재료로 사용할 것을 선별한다.

(14) 팀원들은 구조물 위에 추를 한 번에 1개씩 올려놓아야 합니다.

팀이 처음으로 올리는 추는 대회 감독이 제공한 구조물 지지판이어야 하며, 이는 구조물이 지탱하는 무게의 총합에 포함됩니다.

이때 구조물 지지판의 수평을 맞추는 것이 매우 중요합니다. 수평이 맞지 않으면 기울어진 쪽으로 구조물이 쓰러질 수 있기 때문입니다. 이러한 현상을 '집중하중'이라고 하며, 이는 특정 위치에 집중적으로 작용하는 하중을 뜻합니다.

(15) 특정 무게가 총 지탱 무게에 포함되기 위해서는 추가 구조물 위에서 최소 3초 동안 버텨야 합니다.

팀원들이 추를 올리는 속도에는 제한이 없습니다. 키가 작아 바벨을 더 올

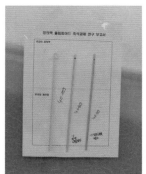

우리가 사용한 발사 목재들. 직접 무게를 재어 최적의 발사 목재를 선택했다.

우리는 90cm 길이의 목재를 직접 구입한 후 커팅 기계로 직접 자르고, 수평을 맞추기 위해 전동 사포로 표면을 고르게 다듬었다.

리기 어려울 때는 우유 상자를 계단처럼 밟고 올라가서 균형을 잡아 바벨을 추가할 수 있습니다. 바벨이 약 14개 정도 올라가면 연장 파이프를 연결해야 합니다.

(16) 팀원들은 실험 중 쌓여 있는 추에서 위에 있는 추를 내려놓을 수 있습니다.

단, 구조물 실험이 끝났을 때 구조물 위에 남아 있는 추에 대해서만 점수를 받을 수 있습니다.

(17) 필요할 경우 안전 파이프에 연장 파이프를 연결하는 책임은 팀에게 있습니다.

스마트폰의 수평 기능으로 기울기 측정

조심스럽게 구조물 지지판에 올린다.

이거 정말 많이 올라가는걸? 장인의 숨결이 느껴진다! 바벨을
놓을 때 키가 작아 쌓기 어려우면 우유 박스를 밟고 올라가 올릴
수 있다. 초등학생들은 미리 준비하는 것이 바람직하다.

● 장소, 장비 설치와 경연

① 팀은 경연 시작 최소 30분 전까지 구조물을 가지고 무게 측정 장
소에 도착해 보고해야 하며, 구조물이 제한사항을 충족하는지 확인
받아야 합니다.

심사위원의 지시에 따라 팀은 구조물을 다양한 방식과 각도로 들
어올려, 구조물이 펼쳐진 상태에서도 부서지지 않는다는 것을 증
명해야 합니다. 이후, 팀이 구조물을 접으면 구조물의 치수와 무게
가 측정됩니다. 심사위원들은 경첩이 구조물의 테스트에 어떠한
도움도 주지 않는다는 것을 확인합니다.

② 구조물의 치수와 무게가 측정된 후, 심사위원 1명이 구조물을 봉
지에 넣어 무게 측정 장소에 보관합니다. 봉지는 무게 측정 장소에

서 심사위원들이 제공할 것입니다. 팀은 경연 시작 25분 전 이후에만 구조물을 찾으러 갈 수 있습니다.

③ 심사위원은 구조물이 담긴 봉지에 무게 측정 체크리스트를 부착합니다. 팀은 대기 장소 심사위원의 허락이 있을 때까지 이 체크리스트를 떼어서는 안 됩니다. 만약 체크리스트가 떼어져 있거나 누군가 봉지에 손을 대거나 구조물을 꺼냈을 경우, 팀은 무게 측정 절차를 다시 거쳐야 할 수도 있으며, 상황에 따라 도전과제에서 벌점을 받을 수 있습니다.

④ 팀원들은 과제 수행에 사용할 모든 물품을 지참하고, 경연 시작 최소 15분 전까지 대회 장소에 도착해 보고해야 합니다.

⑤ 계시원이 "팀 여러분, 시작하세요"라고 하면, 팀은 펼쳐진 구조물을 테스터 위에 올려놓은 후 접습니다. (심사위원과 관중이 구조물이

심사위원은 구조물의 크기, 형태, 무게 등을 확인한다. 이러한 체크를 마치면 봉지에 넣어 따로 보관한다.

펼쳐진 모습을 볼 수 있어야 합니다) 그 후, 만약 안전 파이프가 구조물 안에 아직 들어가지 않았다면, 팀은 막대기가 구조물을 통과하도록 구조물을 배치해야 합니다.

⑥ 접힌 구조물이 테스터 위에 놓이고 안전 파이프가 구조물을 통과한 상태에서, 팀은 구조물 위에 구조물 지지판을 올려놓습니다. 구조물 지지판과 다른 무게가 구조물 위에 올려진 후에는 아무도 구조물을 만질 수 없습니다. 구조물을 바로잡고 싶다면, 팀원들은 구조물 지지판을 제외한 모든 것을 내려놓은 후 다시 조정할 수 있습니다.

• **구조물 실험이 끝나는 경우**

① 구조물 지지판이나 구조물 일부분이 테스터의 모서리 기둥에 닿을 때

② 구조물 일부가 안전 파이프에 닿아 있고, 이것이 구조물이 무게 더미를 지탱하는 데 도움이 된다고 심사위원들이 판단할 때

③ 맨 위에 놓인 무게가 안전 파이프에 기대어, 파이프가 무게 더미를 지탱하는 데 도움이 된다고 심사위원들이 판단할 때: 시간이 남아 있을 경우, 팀은 해당 무게를 바로잡고 계속 무게를 배치할 수 있습니다.

④ 하나의 무게가 안전 파이프의 전체 높이(연장 파이프 포함)를 초과할 때

⑤ 8분의 시간이 종료될 때: 심사위원이 "시간 끝"이라고 선언하거나 구조물이 부서져 팀이 발표 종료를 신호할 경우, 모든 활동을 중단해야 합니다.

점수 분포

대다수 요강에는 점수 분포가 나와 있으므로, 이를 참고해 대회 준비를 철저히 해야 합니다.

또한, 점수가 세분되어 있기 때문에 요강을 자세히 읽고 꼼꼼하게 확인하는 것이 중요합니다. 벌점 항목도 반드시 잘 살펴봐야 합니다. 심사위원들이 가장 먼저 확인하는 부분이기 때문에, 벌점 기준을 이해하고 벌점을 피할 방법을 미리 고려해야 합니다.

용어를 잘 이해하는 것 또한 중요한데, 대회 요강이 나오면 가장 먼저 용어의 정의와 내용을 정리하는 게 좋습니다.

점수 분포 사례

1	구조물이 지탱한 무게	각 등급에서 가장 많은 무게를 지탱한 구조물이 150점을 받습니다. 나머지 구조물들은 각각 지탱한 무게가 최고 무게의 몇 퍼센트에 해당하는지에 따라 이에 비례한 점수를 받습니다.	1~150점
2	공연 점수 (3~50점)	구조물이 접히도록 디자인된 방식의 창의성	1~15점
		구조물 실험이 공연에 얼마나 잘 통합되었는가	1~10점
		3개의 사물이 접히거나 펼쳐지면서 변신하는가	0점 또는 10점
		사물들을 접는 것이 공연에 얼마나 잘 통합되었는가	1~15점
받을 수 있는 최고 점수			200점

도전과제 해결 설명서 작성 방법

도전과제	충격파	등급(해당란에 O표)	I II III IV
팀명	May Queen	지도교사	

(1) 구조물에 대한 간단한 설명

많은 실험을 거친 끝에 기둥 제작에 중점을 뒀습니다. 이번 구조물의 기둥 중 하나는 계단 모양(약 6개)으로 제작하고, 다른 하나는 8개의 기둥을 결합하여 더 두꺼운 기둥을 만들어 보았습니다. 이는 바벨의 충격과 오차에 더욱 잘 견딜 수 있도록 시도한 것입니다. 또한, 기둥에 대비하여 최적의 트러스 개수를 찾아 충격에 의한 뒤틀림을 최소화하고자 했습니다. 간격 장치로는 충격을 줄이기 위해 마찰이 적은 둥근 구를 사용했으며, 1/4인치 간격 장치는 납작한 판을 활용했습니다. 간격 장치의 다양성을 확보하기 위해 여러 경우를 실험해 봤습니다.

(2) 전체적인 공연 주제에 대한 간단한 설명

시골에 사는 암탉 메이May는 자신만의 울음을 찾기 위해 울타리를 넘어 바깥세상으로 나섭니다. 도시로 나온 메이는 춥고 배고픈 데다 강력한 조류인플루엔자를 만나며 큰 어려움에 부닥칩니다. 태권도로 바이러스를 물리

재활용품을 활용하여 닭을 표현한 의상과 무대 배경을 만들었다.

치려 하지만, 충격이 너무 강해 실패하고 맙니다. 결국, 우리 팀이 만든 세상에서 가장 튼튼한 구조물 백신으로 바이러스를 물리치게 되고, 다시 자신의 보금자리로 돌아와 서로의 목소리를 인정하며 조화를 이룬 아름다운 연주로 공연이 마무리됩니다.

(3) 공연 도중 사용할 특수효과 설명

1막에서는 4명의 등장인물이 각기 다른 악기 소리를 내어 각자의 독특한 개성을 표현합니다. 2막에서는 태권도 효과를 강조하기 위해 강한 구령 소리를 사용하였으며, 이를 통해 모든 등장인물이 서로의 악기를 통해 조화롭게 화합할 수 있는 계기를 마련했습니다. 3막에서는 전통 국악기인 단소와 서양 악기인 첼로, 클라리넷, 플루트가 함께 '아리랑'을 연주하여 대화합의 소리를 만들어 냅니다.

(4) 팀이 공연의 끝을 알리기 위해 사용할 신호

모두 함께 아리랑을 연주하면서 "우리는 하나야!"라고 외칩니다.

(5) 그 외에 팀이 평가받고자 하는 요소

① 다채로운 음향 효과

주인공 메이는 늘 듣고 지내던 익숙한 음악에 의문을 품고 자신의 소리를 찾아 여행을 떠납니다. 플루트, 클라리넷, 첼로만을 좋아하는 친구들과 달리 단소를 사랑하는 메이는 여행 중 여러 가지 충격을 경험하게 되고, 서양 음악을 상징하는 플루트, 클라리넷, 첼로 소리와 우리의 소리를 상징하는 단소 소리를 하나로 모읍니다. 이로써 이질적이라 여겨지던 2가지 다른 소리가 아름다운 조화를 이루며 큰 충격을 극복하게 됩니다. 또한, 서로 다른 악기 소리로 이루어진 하모니는 눈에 보이지 않지만, 충격을 견뎌낸 단단한 구조물을 상징하기도 합니다.

② 폐품 재료를 활용한 창의적인 의상

이 극의 등장인물인 닭들을 효과적으로 표현하기 위해 의상은 모두 폐품을 이용해 제작했습니다. 단순히 폐품을 사용하는 것을 넘어, 각 등장인물의 개성을 부각할 수 있는 폐품 재료를 고민하며 많은 토론을 거쳤습니다. 예를 들어, 예쁘게 보이기를 좋아하는 '예쁜 꼬꼬'의 의상에는 과일 껍질을 사용하여 화려하고 과장된 느낌을 주었고, 순수한 마음을 지닌 주인공 메이의 의상은 낡은 쿠션 솜을 활용해 솜털 같은 하얀 느낌을 표현했습니다. 특히 헌 고무장갑을 재활용해 닭발과 닭 볏을 제작하여 닭의 특징을 유머러스하게 살려보았습니다.

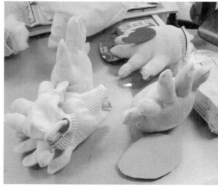

낡은 쿠션의 솜으로 암탉 메이의 의상을 만들고, 낡은 목장갑으로 닭발과 닭 볏을 제작하였다.

③ 입체적이고 추상적인 건축물을 표현한 무대 세트

종이 상자(에어컨 박스)를 활용하여 메이의 고향인 시골과 그녀가 충격을 경험하는 도시의 장면 전환을 효과적으로 표현했습니다. 평면적인 종이상자 구조에 스티로폼 상자를 덧대어 입체적인 구조를 만들고, 무대 세트에 높낮이를 줌으로써 시골집의 아담하고 소박한 지붕과 도시의 고층 빌딩 마천루를 표현했습니다. 이를 위해 빨대, 골판지, 노끈 등 다양한 재료를 사용하여 예술적이고 상징적으로 묘사하려 했습니다. 또한, 울타리는 외부의 충격으로부터 보호하는 장치로, 메이가 울타리를 벗어나며 큰 충격을 맞닥뜨리지만, 이 충격을 이겨낸 후 더 단단한 울타리를 구축하게

에어컨 박스로 만든 시골과 도시 배경 및 심사위원들의 질문에 답하는 학생들

되는 과정을 상징합니다.

④ 시사적이고 과학적인 사실을 충격파와 연관 지어 연출한 장면 –
  조류 인플루엔자AI, Avian Influenza

메이가 자신의 꿈을 찾아가는 과정에서 겪는 충격을 시사적이고 과학적인 사실인 AI와 연관 지어 표현해 봤습니다. 이 충격을 태권도, 우리의 소리, 그리고 구조물 백신을 이용해 극복하는 설정입니다. AI를 공부하면서 접한 과학적 사실들이 큰 충격으로 다가왔고, 이를 공연에 반영하고자 AI와 싸우는 장면을 삽입했습니다. 실제 바이러스 구조 모형을 소품으로 제작하고, 충격을 이겨낸 구조물 백신을 상징하는 구조물로 AI를 퇴치하는 장면을 연출했습니다.

⑤ 구조물과 공연을 제작하는 과정의 중요성 및 협력

다양한 악기 연주와 등장인물의 개성을 잘 살린 의상, 무대 세트와 소품들은 충격을 이겨내는 메이의 여정을 효과적으로 표현해 주었습니다. 또한, 충격을 이겨내는 단단한 구조물을 만들어 낸 구조물 팀의 여정 역시 메이의 여정과 다르지 않았을 것입니다. 더 나아가, 폐품을 활용하여 새로운 것을 창조하고 과학적 사실을 학습하는 과정 그 자체가 우리 팀원 모두에게 신선한 충격이자 의미 있는 경험이었다고 생각합니다.

물품 비용 보고서

팀원들은 물품 비용 보고서에 도전과제 및 스타일 과제 풀이에 사용한 모든 물품을 나열해야 합니다. 항목을 구체적으로 작성하고, 반드시 영수증을 가지고 있어야 합니다. (참가 수준이 Ⅰ등급인 팀은 지도교사가 도움을 줄 수 있습니다.)

물품 비용 보고서는 실제로 사용한 재료와 비교해 아래와 같이 정리합니다.

도전과제 Ⅳ	열리는 구조물	등급	Ⅲ
팀명	그린하트	**지도교사**	○○○

물품명 (예: 나무, 천 등)	**용도** (예: 의상, 소도구, 모든 분야 등)	**비용(원)**
스티로폼	무대 배경(빙산), 소품	5,500
검정 천	동굴 속	1만 2,000
종이 상자	접히는 다리	(재활용)
볼펜대	의자 겸 불판	(재활용)
이불솜	아프리카인 의상	(재활용)
병뚜껑	서양인 의상	(재활용)

비닐 쇼핑백	한국인 의상	(재활용)
수세미 실	중국인 의상	2,000
털모자	의상 소품	1만 2,000
가발	아프리카인 의상	(재활용)
경첩	소품 연결	9,000
덕테이프	접착	2,400
음료수 컵	무대 펭귄	(재활용)
기저귀 고무줄	접는 의자	1,000
야채 박스	무대 배경	(재활용)
글루건	접착	3,000
찍찍이	접착	3,400
한지	다리 소품	2,400
물감	무대 그림	2,100
바구니	팀 사인	1,000
발사 나무	구조물 제작	5,500
순간접착제	구조물 제작	2,950
투명 시트지	팀 사인 표면	4,000
합계		6만 8,250

선생님, 세계창의력올림피아드의 스타일 과제는 어떻게 분석하나요?

스타일 과제는 도전과제를 빛나게 해주는 요소입니다. 보통은 각 팀의 특기를 발휘하여 심사위원들에게 깊은 인상을 남겨요. 그런데 많은 학생이 스타일 과제를 구성하는 데 어려움을 겪습니다. 다음은 실제 스타일 과제 사례입니다. 이를 참고하여 여러분이라면 스타일 과제를 어떻게 풀어나갈지 한번 생각해 보세요!

〈Chocolate 그 달콤한 유혹〉

하얀 눈이 내리던 어느 날, 세계창의력올림피아드의 '연극 도전' 도전과제를 해결하기 위해 4명의 팀원이 모였습니다. 먼저 팀명을 정하기 위해 머리를 맞댔는데, 모두 초콜릿을 좋아한다는 공통점을 발견했습니다. 논의 끝에 초콜릿을 사랑하는 팀원 윤지의 인터넷 아이디 'chocoholic'을 팀명으로 정했습니다.

우리는 더 나아가 초콜릿을 좋아하는 왕자 캐릭터를 탄생시키고, 신비한 초콜릿 탑에 사는 아름다운 라푼젤, 요정, 도롱뇽 캐릭터도 창조해 냈습니다. 초콜릿으로 가득 찬 세계라니! 아, 이렇게 달콤할 수가!

난상토론으로 완성한 극본

1차 극본을 구성한 뒤에는 공연의 흐름을 다듬고 스타일 분야에서 점수를 얻기 위한 구성 요소를 고려하여 2차 극본을 완성했습니다. 난상토론을 통해 숲속에 사는 원주민 부자, 이야기의 반전을 주도할 마녀까지 등장시키며 이야기의 틀을 완성했지요.

우리의 완성 극본

옛날, 어느 왕국에 초콜릿을 무척 좋아하는 왕자가 살았습니다. 어느 날 왕자는 왕국 너머 깊은 숲속에 초콜릿으로 만든 탑이 있고, 그 탑에는 라푼젤이라는 공주가 산다는 믿기 힘든 소문을 들었습니다. 왕자는 초콜릿 탑과 라푼젤을 찾아 나섰습니다. 성에서 곱게 자란 왕자는 험난하고 복잡한 숲에서 길을 잃었고, 그때 숲의 요정을 만납니다. 요정이 낸 문제(숲의 오염을 정화하는 방법)를 풀어낸 왕자는 마녀로부터 라푼젤의 탑으로 가는 길을 안내받습니다.

초콜릿 탑에 도착한 왕자는 라푼젤을 불러냈습니다. 왕자는 라푼젤의 미모에 첫눈에 반해 사랑을 고백했습니다. 이에 원주민이 문제를 내면서 만약 문제를 풀면 왕자가 올라올 수 있도록 긴 머리카락을 내려줄 것이지만, 문제를 풀지 못하면 다른 사람들처럼 도롱뇽이 되어 숲의 환경 지킴이로서 살아야 한다고 했습니다. 왕자는 원주민이 낸 문제(탑의 구조)를 풀었고, 라푼젤은 머리카락을 내려주었습니다. 그러나 초콜릿으로 된 그녀의 머리카락을 타고 올라가던 왕자는 유혹을 이기지 못하고 머리카락을 먹어버렸습니다. 머리카락을 아끼던 라푼젤은 화가 치밀어 머리카락을 잘라버렸습니다. 라푼젤의 머리카락을 먹던 왕자는 그만 추락해 가시나무에 눈을 찔려 시력을 잃고 말았습니다.

왕자는 숲을 방황하며 식물 뿌리와 산딸기만으로 연명했고, 사랑하는 이를 잃은 슬픔 속에 살았습니다. 그렇게 몇 해가 흐른 뒤 라푼젤의 머리는 다시 탑 아래까지 닿을 만큼 자랐고, 그녀는 다시 노래를 부르기 시작했습니다. 떠돌던 왕자는 익숙한 여인의 목소리에 이끌려 다시 라푼젤에게 도달했습니다. 라푼젤은 그를 알아보고 끌어안으며 울었고, 그녀의 눈물 두 방울이 그의 두 눈에 떨어지자 왕자는 시력을 되찾았습니다.

왕자는 라푼젤을 자신의 왕국으로 데려갔고, 왕국 사람들은 이들을 반갑게 맞이했습니다. 이후 두 사람은 오랫동안 행복하게 잘 살았습니다.

무대 배경 및 인물들의 의상 디자인

    불과 8분 남짓 진행하는 공연에서 등장인물의 특징을 효과적으로 전달하는 데 있어 무대 의상은 무엇보다 중요한 요소였습니다. 175달러라는 비용 제한을 지키려면 재활용품을 적극적으로 활용해야 했습니다. 다행히 우리에게는 과학 발명부 선배들이 남긴 각종 물품이 있었습니다.

    우선 1년 전 선배들이 사용했던 아이보리 색 코트에 붙어 있던 수백 개의 커피 봉지와 과자 봉지, 스티로폼 볼을 제거하여 왕자와 공주의 의상으로 재탄생시켰습니다. 초콜릿 포장지를 이어 붙여 장식하였는데, 특히 공주 의상으로는 코트 아랫단에 갈색 부직포를 붙여서 드레스로 변신시켰습니다. 아이보리와 초콜릿 브라운의 조화에 허쉬와 엠앤엠즈의 세련된 느낌을 더한 것입니다. 왕자와 공주를 상징하는 왕관은 철사를 이용해 제

개인 의상 디자인 및 접고 펼 수 있도록 만든 구조물을 무대 배경인 성으로 활용한 모습

작했습니다.

마녀의 의상은 검은색 대형 쓰레기봉투를 활용해 만들었습니다. 봉투의 막힌 부분을 잘라내어 원통형으로 만든 뒤, 허리 부분에 고무줄을 붙여 치마를 완성하고 영어 학원 헬러윈 축제에서 사용했던 마녀 모자를 매치했습니다. 마녀 의상의 백미는 털목도리를 풀어 만든 빨간색 가발과 마녀 빗자루였습니다. 이렇게 놀랍도록 시크한 마녀 의상을 완성했습니다.

여러 의상 중에서 가장 심혈을 기울인 것은 바로 원주민 부자의 의상이었습니다. 자유 선택 스타일 과제 가운데 하나로, 우리가 임의로 선택할 수 있었기 때문에 특히 창의적이고 아름답게 만들고자 했습니다. 멋진 원주민 의상을 만들기 위해 많은 아이디어를 쏟아냈지만 쉽게 결정할 수

없던 때, 해결의 실마리를 제공한 것은 우리 팀이 처음 만났던 장소, Zoo Coffee였습니다!

　　Zoo Coffee에서는 독특한 얼룩말 무늬와 표범 무늬 종이컵을 사용하고 있었습니다. 이 종이컵을 재활용해 야생의 느낌이 가득한 원주민 의상을 만들 수 있었습니다. 밀림의 향기가 물씬 풍기는 종이컵으로 만든 치마와 사용하지 않는 카세트테이프를 활용해 만든 가발은 신비한 숲속에 사는 원주민의 느낌을 잘 살려주었습니다.

1. 팀원이 입고 있는 의상의 창의성

'원주민 족장'의 의상에는 재활용품을 활용하여 정글 이미지를 살리고, 현대 록 가수 스타일을 접목하여 창의성을 발휘했습니다.

실제 대회처럼 연습하며 우리의 스타일 과제를 확인해 본다.

첫째, 사용하지 않는 카세트테이프를 풀어서 원주민의 치렁치렁한 머리카락을 표현했습니다. 둘째, 커피 전문점에서 수거한 얼룩말 무늬와 호피 무늬 종이컵을 잘라 원주민이 입는 치마와 발 토시를 제작했습니다. 또한, 나무나 뼈를 갈아 만든 목걸이를 대신해 크레파스로 목걸이를 만들어 착용하였습니다.

우리 팀은 일반적인 원주민 이미지가 아닌, 윤기나는 카세트테이프 머리카락과 활이나 창 대신 전자 기타를 메고 다니는 퓨전 원주민을 창의적으로 표현했습니다.

2. 접히거나 펼쳐졌을 때 변신하는 사물 하나의 예술성

우리 팀이 공연에서 사용할 접히는 무대 배경은 스펀지를 이용해 만든 성벽과 신문지와 종이를 활용해 만든 정글입니다.

먼저 성벽은 긴 스펀지를 자르지 않고 살짝 칼집을 넣은 후 반원 형태로 돌려 입체감을 주었습니다. 또한, 2개의 연속된 층의 벽돌 색깔을 다르게 표현하여 성벽을 더욱 효과적으로 나타냈고, 오래된 느낌을 주기 위해 스펀지를 손으로 뜯어내고 흰 물감을 살짝 덧칠하여 낡은 효과를 더했습니다.

정글 배경은 처음에 아이디어 회의를 한 커피숍의 동물 모티프를 활용하여 의상을 만드는 데 사용한 종이컵은 물론 주변에서 모아온 폐지, 신문지를 이용해 꾸며 실제 정글 같은 이미지를 연출했습니다.

3. 초콜릿을 모티프로 한 아이디어 모음

팀원 모두가 초콜릿을 좋아하기 때문에 다양한 아이디어에 초콜릿을 적용하였습니다.

팀명 '초코홀릭'은 팀원의 이메일 아이디에서 따왔습니다. 마녀의 초콜릿 탑은 사용하지 않는 빨간색 목도리로 껍질을 표현하고, 일회용 도시락 뚜껑을 이용해 초콜릿 내용물을 간접적으로 나타냈습니다. 왕자가 지닌 마법의 초코바 거울은 초콜릿에 대한 애정을 드러내고, 왕자와 공주의 의상에는 먹고 싶은 초콜릿들이 주렁주렁 달려 있습니다. 마지막으로 팀사인은 형형색색의 초콜릿 볼을 연상시킵니다. 이처럼 우리 팀의 모든 요소는 초콜릿을 모티프로 표현했습니다.

4. 팀원이 직접 펼치는 퍼포먼스(악기 연주)의 예술성

팀원 1명이 공연 도중 전자 기타로 배경음악을 연주합니다. 해설이 등장할 때, 원주민으로 등장할 때, 일하는 노동자들에게 채찍질할 때 등 다양한 장면에서 공연의 분위기를 고조시키며 관객을 압도하는 멋진 기타 연주를 선보입니다.

5. 위 4가지 스타일 항목의 전체적 기여도

우리는 원주민이 왕자에게 내는 문제를 '환경 문제'로 설정하였습니다. 관객들이 환경 문제에 대해 쉽게 인식하고, 전 세계 환경 문제의 심각성을 깨닫도록 의도한 것입니다.

　　원주민이 입고 있는 얼룩말과 표범 무늬 의상은 사냥으로 희생되는 여러 동물의 가죽을 상징하며, 환경 문제와 더불어 정글의 생태계를 표현하고 있습니다. 우리 팀의 의상은 배경과 잘 어우러져 정글의 이미지를 잘 전달합니다. 육각형으로 접히는 경첩을 이용한 초콜릿은 극 중 마법의 거울로 변신하고, 경첩을 이용한 무대는 정글과 궁전 2가지 배경으로 변신합니다. 또한, 원주민 족장이 연주하는 전자 기타는 극 전체의 배경음악을 담당하며, 이 4가지 요소들은 극의 완성도를 높이는 데 기여하고 있습니다.

〈Einstein〉

1. 팀 멤버십 사인의 시각적 매력 (1~10점)

발사 목재를 사용해서 팀명 'Einstein'을 구조물로 만들어 시각적 매력을
더했습니다. 이때 시각적 매력이란 사인이 시각적으로 얼마나 뛰어난지
평가하는 요소입니다. 예술성, 창의성, 정보의 명확성, 그리고 팀이 사인에
부여한 모든 정교한 표현을 포함합니다.

이 구조물 위에 바벨 모형을 얹어 마치 실제 구조물을 실험하는 듯한
모습을 연출했습니다.

2. 재활용 물품의 창의적인 활용 (1~10점)

우리 팀은 다양한 재활용품을 창의적으로 활용하여 무대와 소품을 제작하
고 효과적인 무대 연출을 완성했습니다. 재활용되는 물품들은 공연 중 본
래 의도와는 다른 용도로 변형되어 사용됩니다. 물품들은 플라스틱 포크

발사 목재로 만든 EINSTEIN 구조물

처럼 전체가 사용될 수도 있고, 비어 있는 음료수 캔처럼 일부만 활용될 수도 있습니다.

예를 들어 개미 의상과 보석은 단열재로 만들었고, 두더지 의상은 무릎 담요로, 베짱이 의상은 초록색 앞치마로 만들었습니다. 청테이프와 검은색 래커를 활용하여 실내화를 베짱이와 두더지의 발로 만들기도 했습니다. 배구공과 농구공을 잘라 두더지, 개미, 베짱이 모자로 활용했고, 대걸레 손잡이와 물풀 통으로 재판봉을, 빨대와 스티로폼으로 마이크를 만들었습니다. 대걸레 손잡이, 상자, 망사 스타킹 천, 철사를 이용해 지상 개미의 집을 만들고, 이불솜으로 개미 인형을 표현했습니다.

3. 소품과 무대 배경의 창의성　　　　　　(팀의 자유 선택 1, 1~10점)
창의적으로 디자인한 무대 배경과 우수한 무대 전환은 우리 팀의 자랑이

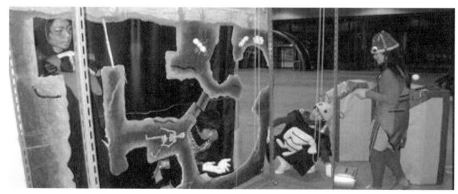

창의적으로 만든 개미집 무대 배경

었습니다. 3개의 무대 배경 중 2개는 블라인드를 내려서 배경을 전환하였고, 지하 세계 배경은 우드록에 구멍을 뚫어 디자인한 뒤 암막 커튼을 사용해 어두운 분위기를 강조했습니다.

개미와 두더지의 지하 생활을 표현하기 위해 손 인형을 제작하여 생동감 있는 공연을 구성했습니다. 이러한 무대 배경도 재활용품으로 제작하였으며, 그 외 소품들도 재활용품을 다양하게 활용했습니다.

4. 뮤지컬 요소 (팀의 자유 선택 2, 1~10점)

뮤지컬을 통해 두더지는 다양한 장기자랑을 선보였습니다. 또한, 두더지는 노래를 개사하여 개미네 집이 있는 지하 세계까지 간 이유도 설명했습니다. 개미들의 장기자랑도 개미 부부의 일상을 표현하는 개사한 노래로 구성되었습니다.

공연 중 스타일 과제를 해결하고 있는 Einstein 팀

마지막 장면에서는 개사한 노래에 맞춰 춤을 추며 개미와 두더지가 화해하며 공연의 내용을 마무리 지었습니다.

5. 공연 속 4가지 스타일 요소의 효과 (1~10점)

우리 팀의 소재는 두더지와 개미가 사는 자연입니다. 자연과 조화를 이루도록 거의 모든 재료를 재활용하였는데, 단순히 기존 물건을 그대로 사용하기보다는 새로운 형태로 구성하여 전혀 다른 용도로 사용하는 것을 목표로 삼았습니다. 이러한 적극적인 재활용은 녹색 성장을 지향하는 현재 우리나라의 정책과도 일치합니다.

또한 극의 구성도 문제 상황이 발생하고 이를 해결해 나가는 과정을 중심으로 하여, 우리가 세계창의력올림피아드에 참가하며 마주하는 상황을 극 중에 반영했습니다.

이러한 과정을 통해 우리 팀원들은 재활용품의 활용, 무대의 창의적인 전환, 뮤지컬 요소, 그리고 새로운 아이디어로 시각적 사인을 만들었습니다.

선생님,
세계창의력올림피아드 준비를 위한
탐구 보고서는 어떻게 작성할까요?

여러분이 구조물을 제작하고 실험할 때, 구조물 일지를 작성해 과정을 정리하고, 실험으로 새로운 아이디어를 생각할 수 있습니다.

열주에 사용한 구조물 일지

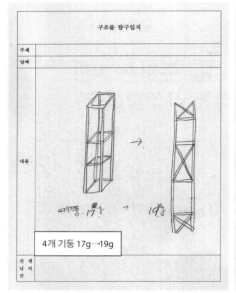

구조물 탐구일지

주제	
날짜	
내용	

4개 기둥 17g→19g

| 선생님의 |
| 조언 |

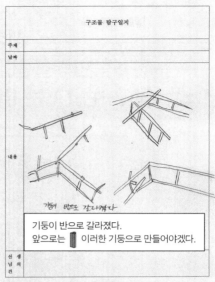

구조물 탐구일지

주제	
날짜	
내용	

기둥이 반으로 갈라졌다.
앞으로는 이러한 기둥으로 만들어야겠다.

| 선생님의 |
| 조언 |

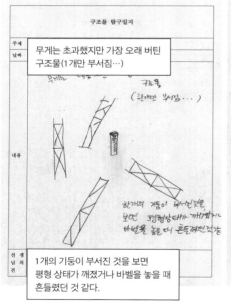

구조물 탐구일지

주제	
날짜	
내용	

무게는 초과했지만 가장 오래 버틴
구조물(1개만 부서짐…)

1개의 기둥이 부서진 것을 보면
평형 상태가 깨졌거나 바벨을 놓을 때
흔들렸던 것 같다.

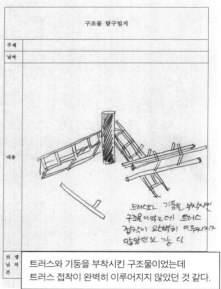

구조물 탐구일지

주제	
날짜	
내용	

트러스와 기둥을 부착시킨 구조물이었는데
트러스 접착이 완벽히 이루어지지 않았던 것 같다.

구조물 탐구일지	
주제	
날짜	
내용	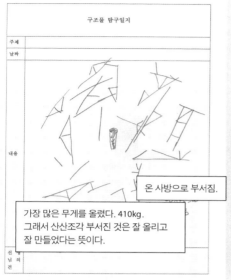
선 생 님 의 견	

온 사방으로 부서짐.

가장 많은 무게를 올렸다. 410kg.
그래서 산산조각 부서진 것은 잘 올리고
잘 만들었다는 뜻이다.

구조물 탐구일지	
주제	
날짜	
내용	기둥 4개로 만듬 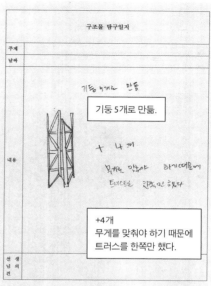
선 생 님 의 견	

기둥 5개로 만듦.

+ 4개
무게로 맞춰야 하기때문에
트러스를 한쪽만 했다

+4개
무게를 맞춰야 하기 때문에
트러스를 한쪽만 했다.

구조물 탐구일지	
주제	
날짜	
내용	트러스 위치를 바꿔서 세움 (3개) 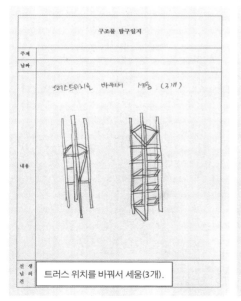
선 생 님 의 견	트러스 위치를 바꿔서 세움(3개).

구조물 탐구일지	
주제	
날짜	
내용	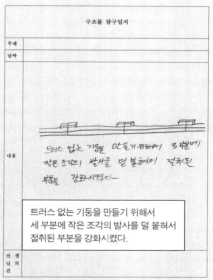 트러스 없는 기둥를 만들기 위해서 3부분에 작은 조각의 발사를 덜 붙혀서 절취된 부분을 강화시켰다
선 생 님 의 견	

트러스 없는 기둥을 만들기 위해서
세 부분에 작은 조각의 발사를 덜 붙혀서
절취된 부분을 강화시켰다.

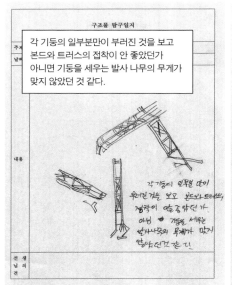

각 기둥의 일부분만이 부러진 것을 보고
본드와 트러스의 접착이 안 좋았던가
아니면 기둥을 세우는 발사 나무의 무게가
맞지 않았던 것 같다.

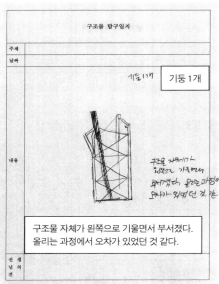

기둥 1개

구조물 자체가 왼쪽으로 기울면서 부서졌다.
올리는 과정에서 오차가 있었던 것 같다.

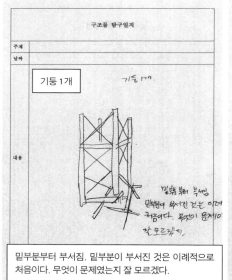

기둥 1개

밑부분부터 부서짐. 밑부분이 부서진 것은 이례적으로
처음이다. 무엇이 문제였는지 잘 모르겠다.

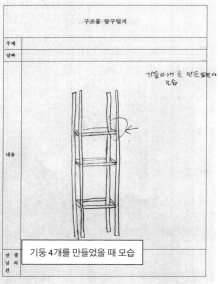

기둥 4개를 만들었을 때 모습

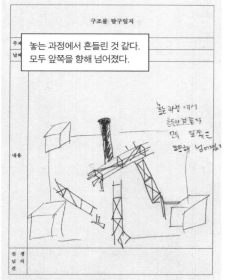

구조물 탐구일지

주제
날짜

내용

놓는 과정에서 흔들린 것 같다.
모두 앞쪽을 향해 넘어졌다.

선생님의견

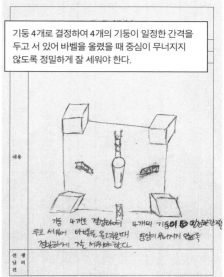

기둥 4개로 결정하여 4개의 기둥이 일정한 간격을
두고 서 있어 바벨을 올렸을 때 중심이 무너지지
않도록 정밀하게 잘 세워야 한다.

구조물 탐구일지

주제
날짜

내용

선생님의견

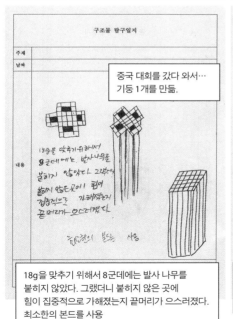

구조물 탐구일지

주제
날짜

내용

중국 대회를 갔다 와서…
기둥 1개를 만듦.

18g을 맞추기 위해서 8군데에는 발사 나무를
붙이지 않았다. 그랬더니 붙이지 않은 곳에
힘이 집중적으로 가해졌는지 끝머리가 으스러졌다.
최소한의 본드를 사용

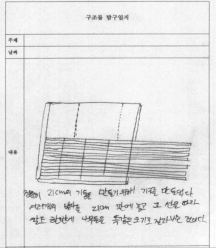

구조물 탐구일지

주제
날짜

내용

정확히 21cm의 기둥을 만들기 위해 기구를 만들었다.
여러 개의 발사를 21cm 판에 놓고 그 선을 따라 칼로
한 번에 똑같은 크기로 잘라내는 것이다.

다음은 구조물 실험 보고서 양식입니다. 구조물 실험 보고서에 여러분의 실험 내용을 작성해 보세요.

구조물 실험 보고서

날짜	
구조물의 특징	

사진 또는 그림

자체 질량		버틴 무게	
제작 시간			

파괴
상태
1차 파손 부위

보완 단계
구조물의 유형
비고

여러분이 구조물을 제작 및 실험할 때 보고서가 필요할 뿐만 아니라, 즉석과제를 실시할 때도 보고서를 작성하면 여러분의 생각과 활동을 정리할 수 있습니다. 그리고 마친 후 부족한 점을 기록해 두면, 다음 기회에는 더 높은 창의성을 보여줄 수 있습니다.

창의력올림피아드 즉석과제 연구보고서

우리의 창의력

우리의 개선점

선생님, 대한민국학생창의력올림피아드의 도전과제는 어떻게 분석하나요?

대한민국학생창의력올림피아드도 매년 우리에게 훌륭한 과제를 제시해 줍니다. 창의력을 발휘하여 도전해 봅시다!

도전과제 해결의 포인트

· 목재와 접착제만 사용해서 대회 측에서 제공하는 골프공을 담고 무게추를 들 수 있는 구조물을 설계 및 제작 후 테스트해 보기
· 골프공을 구조물에 하나씩 전달할 수 있는 장치를 설계하고 만들어 보기

· CAPTIVATOR에 대한 창의적이고 독창적인 이야기를 만들어 발표하기
· 무게 비중과 골프공 배달을 이야기에 도입하기

도전과제 해결에 많은 도움을 주는 각종 학문

· 건설·건축학
· 구조적 엔지니어링
· 수학
· 혁신과 디자인
· 무대 예술
· 팀 협동

다양한 분야의 학문에서 문제 해결에 유용한 아이디어를 찾을 수 있습니다. 각 학문에서 얻은 힌트를 적용하면 과제를 좀 더 쉽게 해결할 수 있습니다.

팀 도전과제 설명

자세를 유지해 보세요! 그리고 잠깐 생각을 멈춰봐요! 움직이지 말고 꽉 붙잡아 보세요! 이제 무게를 들 수 있는 동시에 내용물을 담을 수 있는 구조물을 하나 만들어 봅시다.

● 시간 제한

팀의 발표는 8분 이내에 마쳐야 합니다. 따라서 시간을 확인하며 연습하는 것이 중요합니다.

● 팀 예산

모든 재료의 총비용이 100달러(USD, $)를 넘을 수 없습니다.

중심 도전과제(240점)

● 과제의 목적

본 과제를 해결하기 위해 각 팀은 목재와 접착제만을 사용하여 하나의 구조물을 제작해야 합니다. 만들어진 구조물의 강도는 그 위에 무게추를 올려놓는 과정을 통해 실험합니다. 구조물이 무게를 견디는 동안, 구조물 안에 담긴 골프공 개수에 따라 보너스 점수를 얻을 수 있습니다. 팀은 대회 측에서 제공되는 골프공을 구조물에 전달할 장치도 제작해야 합니다. 또한, 팀은 기술을 이용해 무언가를 사로잡거나 담거나 전달하는 CAPTIVATOR[1] 라는 인물에 대해 발표해야 하며, 무엇을 사로잡을지는 팀이 자유롭게 정할 수 있습니다. 발표와 함께 구조물의 강도 테스트와 골프공 전달 테스트는 모두 8분 이내에 평가될 것입니다.

• 구조물 디자인과 구축

(1) 팀은 목재와 접착제만을 사용해 무게를 견디고 골프공을 담을 수 있는 구조물을 제작해야 합니다. 골프공은 발표 시간 동안 팀이 만든 전달 장치를 통해 구조물에 담길 것입니다. 팀은 대회 이전에 다양한 구조물을 실험적으로 제작해 볼 것을 권장합니다.

(2) 팀은 구조물을 구조물 테스터 위에 올려놓을 수 있도록 설계해야 합니다. 구조물이 얼마나 많은 무게를 견딜 수 있는지 확인하기 위해, 안전 판을 구조물 위에 올려 무게를 측정합니다.

(3) 팀은 구조물이 견딜 수 있는 무게와 동시에 담고 있는 골프공의 개수에 따라 추가 점수를 받을 수 있습니다. 전달 장치와 골프공 전달의 필요 조건에 대한 자세한 사항은 요강에서 확인할 수 있습니다.

(4) 구조물의 다듬기와 모양을 잡는 작업은 모두 팀원들이 직접 수행해야 합니다.

(5) 팀원들은 과제 설명서에 따라 구조물의 무게 실험을 설계하거나 제작하는 과정에서 어떠한 외부 기술적 도움도 받아서는 안 됩니다. 팀은 구조물을 구성하는 모든 조각을 직접 만들어야 합니다.

---

1   DI 문제 사례에서는 CAPTIVATOR라는 인물이 포함되어야 합니다. CAPTIVATOR는 누군가에게서 무언가를 받아 다른 곳으로 전달하는 역할입니다. 우리 팀의 CAPTIVATOR는 학생들이 만든 가상의 인물로, 원래는 '매혹하는 사람'이라는 뜻입니다.

• 구조물에 대한 세부 사항

(1) 자연 목재라면 모두 허용됩니다.

구조물은 반드시 목재와 접착제만으로 만들어야 합니다. 목재에 대한 규격이 따로 없기 때문에, 무작정 많은 양의 발사 목재와 접착제를 사용해 무게를 늘릴 필요가 없습니다. 따라서 우리 팀은 견고하면서도 무게를 줄일 수 있는 통발사를 사용하기로 했습니다. 통발사는 면적이 넓어 길이만 맞추어 자르면 기둥 역할을 충분히 수행할 수 있기 때문입니다.

　　여러 차례 실험한 결과, 통기둥은 기존의 손으로 제작한 발사 기둥과 달리, 부서질 때 땅과 정확히 수직으로 부서진다는 것을 알게 되었습니다. 이는 접착제로 조립된 기둥에서 흔히 발생하는 '기둥 발사 미접합' 문제가 더 이상 나타나지 않음을 의미합니다. 즉, 규격 제한이 없어진 덕분에 우리 팀은 다양한 목재를 실험해 볼 수 있었고, 그 결과 가장 효율이 높았던 통발사를 사용해 구조물을 제작하게 되었습니다.

(2) 일반적으로 판매하는 모든 접착제가 허용됩니다.

접착제는 구조물 제작에 있어서 매우 중요한 요소입니다. 접착제 선택에 따라 무게와 제작 시간에서 큰 손실을 볼 수 있기 때문입니다. 예를 들어, 오공본드는 접착제 자체의 무게가 상당하여 효율적인 구조물 제작에 문제가 됩니다. 또한, 나무 접착제 중 가장 좋다고 알려진 고릴라 본드도 마르는 데 3~4일이 걸리기 때문에 창의력 대회에 사용하기에는 부적합하다고 판단했습니다.

그래서 선택한 접착제는 '401 록타이트 순간접착제'입니다. 이 순간 접착제로 나무를 붙이면 10초 이내로 굳어 시간을 크게 절약할 수 있습니다. 또한, 강도도 매우 단단해 창의력 대회에서 사용하기에 뛰어난 접착제라고 판단했습니다. 다만 순간접착제는 손에 묻었을 때 이를 떼어내다가 피부가 찢어지는 사고가 발생하기도 한다는 단점이 있었습니다.

다양한 접착제를 사용해 본 결과 우리 팀은 가장 편리하고 여러 방면에서 효율적인 순간접착제를 최종적으로 선택했습니다.

(3) 한 가지 이상의 접착제나 한 가지 이상의 목재를 사용할 수 있습니다.

▶▶ 협회는 매년 대회의 규칙을 발표합니다. 그리고 이 항목이 이번 대회에서 가장 논란이 되었던 규칙입니다. 자칫 눈으로만 보고 넘어가기 쉬운 이 짧은 안내는 어떻게 보면 요강 전체에서 가장 중요한 항목일 수 있습니다. 그만큼 요강을 꼼꼼히 보고 이해하는 것이 중요합니다.

우리 팀은 기둥과 트러스 모두 발사 목재를 사용했고, 앞서 수차례 밝힌 것처럼 접착제는 오직 401 록타이트만 사용했습니다.

(4) 팀은 목재 조각들을 접착제로 붙여 박판 구조물을 제작해야 합니다.

팀이 직접 만든 박판만 허용되며, 상업적으로 제작해 판매되는 박판은 허용되지 않습니다.

박판이란 통상적으로 0.3mm 이내인 나무를 붙여 만든 접합물을 말

골프공을 모아놓은 구조물 모습

합니다. 즉, 이 요강에 따르면 단순히 통발사 기둥만을 사용하는 것은 허용하지 않는다는 뜻입니다. 그래서 우리 팀은 1개의 기둥에 트러스 발사를 높이에 맞춰 잘라서 접착했습니다. 이렇게 하면 통발사의 구조적 강도, 무게, 그리고 규칙을 모두 충족할 수 있습니다.

(5) 구조물을 정비하기 위한 부수적인 표기(연필이나 잉크에 의한)와 목재에 바코드가 찍히는 것 또한 허용됩니다.

구조물을 제작하는 데 있어서 또 하나 중요한 요소는 바로 '설계'입니다. 정확한 길이, 접착할 면적, 트러스의 각도와 접합 지점 등을 표시하지 않고 눈대중으로 제작한다면 좋은 구조물이 나오기 어렵습니다. 따라서 이러한 부수적인 표시는 필수적입니다.

(6) 검사 위원들은 구조물 테스트 시 구조물에 사용된 목재를 점검합니다.

필요한 경우, 검사 위원들은 팀 과제가 끝난 후에도 테스트가 종료된 구조물을 다시 점검할 수 있습니다.

(7) 구조물 자체의 무게 제한

구조물 자체의 무게는 각 팀의 참가 수준에 따라 제한이 있습니다. 초등 (EL) 등급은 75g, 중등(ML) 등급은 50g, 고등(SL) 등급과 대학(UL) 등급은 25g의 제한이 주어집니다.

중등(ML) 등급은 최대 50g까지 구조물을 만들 수 있었는데, 이 요강 때문에 많은 팀이 골프공을 직접 구조물 속에 넣는 방식을 채택했습니다. 그러나 이번 요강의 숨은 답은 바로 골프공에 있었습니다. 골프공 1개당 약 50파운드(약 22.5kg)의 무게가 주어지기 때문에 바벨 무게를 줄이더라도 골프공을 모두 넣는 것이 중요했습니다. 우리 팀은 무게를 최소화하고 골프공을 모두 넣는 방식을 선택하여 구조물의 무게를 10g으로 설정했습니다. 우리 팀처럼 구조물을 10g으로 만들어 온 팀은 한 팀도 없었습니다.

우리 팀은 철저히 이 요강을 분석하고 이용했습니다. 그 결과 골프공이 들어갈 수 있는 바구니를 제작하고, 그 바구니를 구조물에 부착했습니다. 이렇게 하여 많은 양의 골프공을 담을 수 있는 하나의 구조물을 완성했습니다.

● 골프공 전달 장치

골프공 전달 장치는 팀원이 안전선을 넘지 않은 상태에서 구조물에 골프공을 넣는 용도로 사용됩니다.

골프공 전달 장치와 구조물을 모티프로 한 조형물

▶▶ 우리 팀은 골프공 전달 장치를 골드버그 장치를 응용하여 제작했습니다.
    남은 나무 조각과 종이를 재료로 사용하여, 골프공을 안전하게 전달할
    수 있도록 만들었습니다.

(1) 골프공 전달 장치는 팀이 원하는 대로 만들 수 있습니다.

골프공 전달 장치는 단순하든 복잡하든 상관없습니다. 팀은 골프공 전달 장
치를 제작할 때 어떤 형태든 기계 등의 기술적 도움을 사용할 수 없습니다.

대회를 치르며 학생들이 느낀 점 중 하나는 구조물을 제작하는 팀원
들과 공연을 하는 팀원들이 너무 분리된다는 것이었습니다. 공연과 구조
물 제작 역할이 나뉘어 있는데 서로 연결되는 요소가 부족했습니다. 그래
서 우리 팀은 골프공 전달 장치를 통해 두 역할을 연결하기로 했습니다.

우리 공연의 내용은 쓰레기가 쌓여 중력이 커진 지구가 주변 행성들을
끌어당기게 되고, 이를 막기 위해 무당벌레와 박사 역할의 CAPTIVATOR

세계 대회에서 사용하는 바벨은 우리나라의 바벨과 다르기 때문에 실제와 비슷한 상황을 가정하고 연습해야 한다.

가 나서는 이야기입니다. 간단히 요약하자면, 쓰레기로 오염된 지구가 점차 정화되는 이야기입니다. 이를 표현하기 위해 우리 팀은 골프공 전달 장치를 3단계의 긴 레일로 제작했습니다. 이 레일은 아크릴판을 잘라 만든 것으로, 1단계 더러운 지구, 2단계 조금 정화된 지구, 3단계 깨끗한 지구를 표현했습니다. 또한, 공연에서 골프공 전달 장치를 통해 골프공을 구조물에 전해주는 장면도 포함되어 있어, 골프공 전달 장치는 공연과 구조물의 융합을 보여주는 중요한 요소입니다.

(2) 골프공 전달 과정

구조물로 골프공을 전달하는 과정은 다음과 같이 이루어집니다. 안전판을 구조물 위에 올려 무게를 견디는 테스트가 시작되면, 팀은 추가 점수를 얻기 위해 골프공을 구조물로 이동시킬 수 있습니다.

많은 팀이 이 점을 간과했습니다. 대회 측에서 구조물 지지판을 무게 추로 인정해 주기 때문에, 구조물 지지판을 올린 후 골프공을 추가할 수 있지만, 이 사실을 잘 모르는 팀들이 많았습니다. 실제로, 10kg 및 5kg 바벨의 높이는 약 3cm로, 높이 제한이 있는 DI 예선에서는 바벨을 최대 23개, 즉 70cm까지밖에 쌓을 수 없습니다. 그러나 구조물 지지판을 하나의 무게 추로 간주하므로, 이를 통해 골프공 24개를 모두 넣을 수 있는 것입니다.

(3) 골프공이 전달 장치에서 구조물로 옮겨져 4초 이상 머무르면 성공으로 간주합니다.

▶▶ 골프공이 전달 장치에서 구조물로 들어간 후 4초가 지나면 무게를 인정받을 수 있습니다. 그러나 골프공의 점수가 인정되기 전이라고 해서 무게추를 올리지 못하는 것은 아닙니다. 즉, 4초가 경과하는 동안에도 무게추를 추가할 수 있다는 의미입니다. 우리 팀은 시간 조절을 제대로 하지 못해 약 80초를 낭비하였고, 그로 인해 더 많은 무게추와 골프공을 넣을 수 있었음에도 19개를 넣는 데 그치는 상황이 발생했습니다.

이번 요강을 세밀히 분석해 본 결과, 구조물의 무게를 줄이고 모든 골프공을 넣는 것이 가장 효율적이라는 결론에 도달했습니다. 이에 따라 우리 팀은 골프공을 모두 전달하지 않는 것은 비효율적이라고 판단하고, 모든 골프공을 담을 수 있는 구조물을 설계했습니다. 이 요강은 '골프공 전달 장치가 골프공을 넣고 안전선을 나가기 전까지는 무게추를 추가할 수 없다'는 규정과 유사합니다. 다만, 무게추는 전달 장치가 안전선을 벗어나기만 하면 추가할 수 있지만, 골프공은 4초 대기 시간을 준수해야 합니다. 따라서 이번 과제에서는 4초 대기 시간에 따른 시간 관리도 중요한 요소였습니다. 그래서 우리 팀은 처음에는 3단계로 구성된 거창한 전달 장치를 제작했지만, 마지막에는 골프공을 빠르게 전달할 수 있도록 미끄럼틀을 배치해 기동성을 극대화했습니다.

(4) 팀들은 총 감당 무게 비율에 따라 점수를 얻게 됩니다.

가장 높은 효율을 기록한 팀은 구조물 점수에서 140점을 받고, 나머지 팀들은 효율 비율에 따라 점수를 받습니다.

▶▶ 우리 팀은 가장 높은 효율을 달성하여 140점을 받을 수 있었습니다.

(5) 요강을 잘 읽어야 합니다.

요강에 나오는 환산 무게WHR는 총 감당 무게TWH를 파운드 단위로 환산한 값입니다. 공식은 다음과 같습니다.

$$환산 \ 무게 = \frac{공식 \ 측정 \ 무게 + (50 \times 담긴 \ 골프공의 \ 개수)}{구조물의 \ 무게(g)}$$

이 식의 결괏값을 소수점 두 자리까지 반올림합니다. 예를 들어, 공식 측정 무게OWH가 195파운드, 담긴 골프공 개수가 5개, 구조물의 무게가 20g이라면 환산무게WHR는 $(195+(50 \times 5)) \div 20 = 22.25$입니다.

▶▶ 우리 팀의 공식 측정 무게는 115kg이었고, 이를 파운드로 환산하면

253.53파운드였습니다. 골프공 19개의 무게는 50×19=950파운드였습니다. 구조물의 무게는 10.2g이었으므로, (253.53+950)÷10.2=117.99가 환산 무게였습니다. 이를 반올림해서 118이 우리 팀의 효율이었습니다.

(6) 이야기 발표

각 팀은 관객의 관심을 사로잡기 위해 CAPTIVATOR에 대한 이야기를 창작하여 발표해야 합니다. CAPTIVATOR는 기술을 활용해 무언가를 사로잡거나 담아두거나 전달하는 인물이며, 그 대상은 팀이 자유롭게 정할 수 있습니다. CAPTIVATOR는 팀이 상상하는 어떤 존재나 사람, 실제 또는 상상 속 인물일 수 있습니다.

이야기의 배경은 과거, 현재, 미래 중 어느 시점이든 상관없으며, 장소 또한 실재하는 공간이거나 상상 속의 공간일 수 있습니다. 이야기 발표는 주어진 8분의 발표 시간 내에 이루어져야 하며, 발표는 다음 사항에 따라 점수가 부여됩니다.

① 이야기의 참신함과 창의성

미래의 어느 날, 지구는 쓰레기가 쌓여 무당벌레조차 살 수 없는 상태에 이릅니다. 쓰레기의 무게로 인해 지구의 중력이 증가하고, 지구는 인접한 행성과 충돌할 위기에 처하게 됩니다. 지구를 구하기 위해 환경 연구 박사는 지구의 쓰레기를 50% 이상 재활용해 중력을 원래대로 되돌릴 수 있는 특별한 구슬을 만듭니다. 하지만 그

지구를 구하기 위해 시공간 이동을 하다가 카드 행성에 도착한 박사와 무당벌레

창의적으로 묘사한 CAPTIVATOR의 외관

때는 이미 쓰레기양이 위험 수치를 초과한 상태였고, 박사와 구슬을 품은 무당벌레는 시공간 이동을 통해 재활용 행성으로 떠나게 됩니다. 그러나 중력이 너무 강한 탓에 그들이 도착한 곳은 카드 행성이었습니다.

카드 행성의 여왕은 그들의 갑작스러운 도착에 화를 내지만, 행성 간의 충돌 위기를 듣고는 재활용 행성으로 보낼 것을 허락합니다. 카드 여왕의 도움을 받아 재활용 행성에 도착한 박사 일행은 우주 요원의 안내로 지구를 구하기 위한 작업을 시작합니다. 무당벌레는 자신이 품고 온 구슬을 구조물에 장착하고 정화기의 스위치를 켜자, 재활용이 시작되며 지구의 중력과 환경이 원래의 깨끗한 상태로 돌아옵니다.

② CAPTIVATOR에 대한 창의적 묘사

극 중에서 CAPTIVATOR는 작은 크기와 둥글둥글한 외관으로 유머러스한 무당벌레로 등장하며, 그 모습만으로도 관객의 시선을 사로잡습니다. 무당벌레는 구조물에 도착한 후 지구의 쓰레기 50% 이상을 재활용할 수 있는 구슬을 연구실에서 장착하고, 이 구슬을 안전하게 등껍질에 보관합니다. 이후 무당벌레는 길게 늘어나는 환기통을 통해 구슬을 정화 시스템으로 전달합니다. 극이 시작되면 구슬에 LED 조명이 들어오며 구슬의 이동이 명확히 보이게 되어, 관객들이 구슬의 여정을 한눈에 따라갈 수 있습니다.

③ 무게 테스트와 골프공 전달 내용의 도입

우리 팀의 골프공 전달 장치는 공연에 사용되는 골드버그 장치를 확장하여, 미니 미끄럼틀의 원리를 활용했습니다. 골프공 전달 장치는 무대와 연결된 3개의 골프공 레일로 구성되며, 마지막에는 공이 미끄럼틀로 자연스럽게 굴러가도록 설계되었습니다.

골프공 전달 장치는 무대와의 상호작용을 위해, 지구가 더러운 상태에서 깨끗한 지구로 변해가는 과정을 3개의 레일에 표현했습니다. 첫 번째 레일에서 공을 굴리면 아크릴판으로 제작된 레일을 따라 두 번째, 세 번째 레일로 이동하게 됩니다. 세 번째 레일 끝에서 공이 떨어지며, 그 밑에서 25cm 떨어진 위치에 있는 팀원 1명이 공을 받아 구조물 속으로 전달합니다.

또한 시작점을 자유롭게 설정할 수 있도록 제작된 레일 덕분에, 오직 미끄럼틀만으로도 골프공을 구조물에 전달할 수 있습니다. 마지막 미끄럼틀 봉은 고무줄로 연결하여, 마치 고속도로의 연장선처럼 표현하여 이동의 자유도를 높였습니다.

(7) 팀 표지판

팀은 팀 이름, 학교(팀명과 다를 경우), 그리고 등급을 표시한 60cm×90cm 크기의 팀 표지판을 준비해야 합니다. 이 표지판은 점수에 포함되지 않으며, 대회 규정집에 나와 있는 '팀 신원 표시' 부분을 참고하여 작성하면 됩니다.

● 점수 평가 〈팀 도전과제 배점〉

우리 팀의 골프공 전달 장치

우리 팀의 골프공 전달 장치는 공연에 사용되는 골드버그 장치의 연장선으로, 미니 미끄럼틀의 원리를 활용하여 설계되었습니다.

① 무대와 연관된 3개의 골프공 레일을 이어 붙여, 공이 마지막에 미끄럼틀로 굴러가도록 설계했습니다.
② 공연과의 상호작용을 위해 전체 줄거리인 지구 이야기를 압축하여, 더러운 지구에서 깨끗한 지구로 변해가는 과정을 3개의 레일에 표현했습니다.

③ 첫 번째 레일에서 공을 굴리면 아크릴판으로 제작된 레일을 따라 두 번째와 세 번째 레일로 이동합니다.

④ 세 번째 레일 끝에서 공이 떨어지면, 25cm 떨어진 위치에서 미끄럼틀을 조종하는 팀원 1명이 공을 받아 구조물 속으로 전달합니다. 또한, 레일 시작점을 임의로 설정할 수 있도록 제작하여 오직 미끄럼틀만으로도 골프공을 구조물에 전달할 수 있습니다. 마지막 미끄럼틀 봉은 고무줄로 연결하여 고속도로의 연장선처럼 표현해 전달 장치의 이동을 자유롭게 했습니다.

각 팀과 팀 주장들은 정확한 평가를 위해 필수 요건을 충족하는 과제물을 준비하여, 심사위원이 이를 확인할 수 있도록 해주세요. 초등EL 등급 팀에 한해서는 지도교사가 팀 정보를 받아 작성할 수 있으며, 이 서류는 대회 당일 아침에 접수처에 제출해야 합니다. 이 서류는 점수 평가 대상은 아니지만 필수 제출 항목입니다.

도전과제 E의 과제 서류 예시

도전과제 E: 잘 갖고 있어!

팀명	부서질 때까지만	등급	중등(ML)

팀 선택 요소Side trip 설명

팀 선택 요소 1:

팀원들의 장기인 노래와 춤, 화려한 외모를 활용한 창의성

우리 팀은 뮤지컬 형식으로 공연을 진행하며, 각 팀원이 직접 개사한 노래와 춤을 통해 창의성을 돋보이게 합니다.

첫 번째로 〈빙글빙글〉은 〈써니〉 영화의 유명한 곡을 변형하여, 지구오염을 주제로 쓴 가사를 통해 관객들에게 환경 문제의 심각성을 전달합니다.

중간에 등장하는 〈tell me〉는 카드 여왕에게 무당벌레 일행이 지구를 구하기 위해 떠나야 한다는 메시지를 전달하는 내용으로, 익숙한 멜로디와 개사된 가사로 무대와 상호작용을 강화합니다.

결말에 등장하는 〈oh〉는 흥겨운 리듬으로, 지구를 구한 성과를 효과적으로 마무리합니다.

또한, 팀원들의 캐릭터를 살리기 위해 창의적인 의상과 헤어스타일을 준비했습니다.

① 카드 여왕의 의상: 고무 튜브를 부풀려 고전 서양 의상을 연출하고, 트럼프 카드를 붙여 영국 왕실 드레스 느낌을 살렸습니다.
② 박사님의 독특한 스타일: 파워 숄더 정장과 먼지떨이로 만든 헤비 메탈 스타일의 헤어로, 박사 캐릭터의 이미지를 새롭게 정의했습니다.
③ 무당벌레CAPTIVATOR: 빨간색과 검은색 부직포를 활용해 무당벌레의 등껍질과 신발을 제작하여 관객의 시선을 사로잡는 역할을 맡습니다.
④ 안드로이드 의상: 반짝이는 소재의 의상과 구조물 모양 상투를 더해 공연과 구조물의 일체감을 살렸습니다.

팀 선택 요소 2:

무대 속임수와 움직이는 그래프 효과

① 무당벌레 등껍질과 무대 배경의 일체화: 검정 바탕에 빨간 색지를

덧대어 무당벌레의 보호색 효과를 표현했습니다. 무대에 등장할 때 배경과 일체화되어 보호색을 활용한 인상적인 장면을 연출합니다.

② 고무줄 패널을 활용한 순간 이동: 고무줄을 사용한 무대 패널을 통해, 주인공이 패널 사이로 순간적으로 나타나거나 이동하는 연출로 속임수를 제공합니다.

③ 쓰레기 증가를 나타내는 그래프: 고기 환기통의 주름을 사용해 무대 뒤에서 낚싯줄로 지구의 위험을 나타내는 그래프를 이동시키며, 점진적인 쓰레기 증가를 시각적으로 표현했습니다.

이러한 연출 요소들은 무대와 공연의 상호작용을 강화하여 전체적인 완성도를 높이는 역할을 합니다.

토너먼트 정보 양식 팀 도전과제 E: 잘 갖고 있어!

1. 골프공 전달 장치

(1) 골프공 전달 장치의 작동 방식 설명

우리 팀의 골프공 전달 장치는 공연에서 사용되는 골드버그 장치의 연장선으로, 미니 미끄럼틀의 원리를 활용한 장치입니다.

① 무대와 연관된 3개의 골프공 레일을 이어 붙여 공이 굴러가게 하며, 마지막에는 공이 미끄럼틀로 안착하도록 설계했습니다.

② 공연과의 상호작용을 위해 지구 이야기를 압축하여 더러운 지구에서 깨끗한 지구로 변해가는 과정을 3개의 레일에 표현했습니다.

③ 첫 번째 레일에서 공을 굴리면 아크릴판으로 제작된 레일을 따라 공이 두 번째, 세 번째 레일로 이동합니다.

④ 세 번째 레일 끝에서 공이 떨어지며, 25cm 떨어진 곳에서 미끄럼틀을 조종하는 팀원이 공을 받아 구조물 속으로 전달합니다. 또한, 시작점을 임의로 설정할 수 있는 레일 덕분에 오직 미끄럼틀만으로도 골프공을 구조물에 전달할 수 있습니다. 마지막 미끄럼봉에는 고무줄을 연결하여 고속도로의 연장선처럼 표현했습니다.

(2) CAPTIVATOR가 무엇을 어떤 방식으로 사로잡고, 잡아두거나, 전달합니까?

극 중에서 CAPTIVATOR는 무당벌레입니다. 작은 크기와 동글동글한 유머러스한 형태로 관객의 시선을 사로잡습니다. 무당벌레는 구조물에 도착하여 지구의 쓰레기 50% 이상을 재활용하는 구슬을 연구실에서 장착하고, 이를 등껍질 속에 안전하게 보관합니다. 이후 환기통을 통해 구슬을 정화 시스템으로 전달합니다. 극이 시작될 때 구슬에 LED 조명이 들어와, 구슬의 이동을 관객들이 한눈에 따라볼 수 있습니다.

(3) 무게 테스트와 골프공 전달 내용이 어떤 식으로 도입됩니까?

지구를 정화하는 구슬들은 골드버그 시스템으로 구축된 고속도로를 지나 정화 탱크로 투입되는 과정을 통해 도입됩니다. 구슬이 골프공의 역할을 하며, 골드버그 시스템은 공연과 구조물 무게 테스트를 생생하게 연결하여 관객들에게 실감 나는 무대 경험을 제공합니다.

2. 이야기

미래의 어느 날, 지구는 쓰레기가 쌓여 무당벌레조차 살 수 없는 상태가 됩니다. 쓰레기의 무게가 증가하면서 지구의 중력 또한 커져 인접 행성과 충돌할 위기에 처하게 됩니다. 이를 해결하기 위해 지구 환경 연구 박사는 지구 쓰레기의 50% 이상을 재활용하여 중력을 정상으로 되돌릴 수 있는 특별한 구슬을 완성합니다. 그러나 이미 쓰레기의 양이 위험 수치를 넘어서면서, 박사와 구슬을 품은 무당벌레는 시공간 이동을 통해 재활용 행성으로 떠나게 됩니다. 하지만 강력한 중력으로 인해 그들이 도착한 곳은 카드 행성이었습니다.

카드 행성의 여왕은 예고 없는 방문에 화가 났지만, 행성 충돌의 심각성을 듣고는 박사 일행을 재활용 행성으로 보내줍니다. 카드 여왕의 도움을 받아 재활용 행성에 도착한 박사 일행은 우주 요원의 안내를 받으며 지구를 구하기 위한 여정을 시작합니다. 무당벌레는 자신이 품고 온 구슬을 구조물에 장착하고, 정화기의 스위치를 올리자 지구 쓰레기의 재활용이 시작됩니다. 그렇게 지구의 중력은 원상태로 돌아오고, 환경도 깨끗하게 정화됩니다.

Chapter 3.

대한민국
학생창의력
챔피언대회에
도전하라!

선생님, 대한민국 학생창의력 챔피언대회는 어떻게 운영되나요?

대한민국 학생창의력 챔피언대회는 국내에서 열리는 가장 큰 규모의 창의력 대회입니다. 초등학생부터 고등학생까지, 청소년 모두가 참여할 수 있는 이 대회는 학생들이 창의적인 문제 해결 능력을 기를 수 있는 소중한 경험을 제공합니다. 4~6명이 한 팀으로 참가할 수 있어서 여러 학생이 함께 아이디어를 창출하고 의사소통 역량을 기를 수 있습니다.

과제는 표현 과제, 제작 과제, 즉석과제로 구성되어 있습니다.

· **표현 과제:** 전국 본선대회 표현 과제를 창작한 시나리오대로 준비한
공연을 보여줍니다. 시·도 예선대회에서는 무대, 의상 등
소품은 필요하지 않습니다.

· **즉석과제:** 별도의 장소에서 주어진 시간 안에 즉흥적인 문제를 해결
하는 활동입니다. 순발력과 창의적인 문제 해결 능력 등을
평가합니다.

대한민국 학생창의력 챔피언대회 과제

구분	내용	시·도 예선대회	전국 본선대회
표현 과제	○ 대회 홈페이지에 사전 공지된 문제에 따라 팀이 창작한 내용을 공연으로 표현 (초·중·고 문제 동일, 수준별로 요구사항 차이 있음)	○ 준비물 없이 공연만 진행(시나리오는 별도로 제출)	○ 무대, 의상, 소품 등 모든 요구 사항을 준비해 공연으로 표현
제작 과제	○ 현장에서 주어진 과제 내용에 따라 과학 원리를 이용한 구조물 제작 등을 수행 ○ 문제 일부분 사전 공개(문제 제시)	○ 없음	○ 대회 본부에서 제공한 준비물을 활용해 현장에서 제시된 제작 과제를 수행
즉석 과제	○ 현장에서 주어진 과제 해결	○ 초·중·고 수준별로 현장에서 주어지는 과제를 수행	○ 대회 현장의 비공개 장소에서 팀원들만 입실해 과제를 수행

대회 규정 요약

● 팀 구성

팀은 4~6명의 학생 또는 청소년과 지도교사 1명으로 이루어집니다. 팀원은 같은 시·도 내에서 구성할 수 있습니다. 단, 소속 학교는 달라도 괜찮습니다.

- 세종특별자치시 학생은 충청남도 예선에 참가해야 합니다.
- 초·중·고 재학생은 각 학교의 소재지 시·도 예선에 참가하고, 청소년은 주소지 시·도 예선에 참가합니다.
- 재외국민 학생은 팀장의 한국 주소지 시·도 예선에 참가합니다.

● 팀 구성 기준

다른 수준(초·중·고)의 학생들로 팀을 구성할 수 있습니다. 학년이 높은 팀원, 생년월일이 빠른 팀원 기준으로 팀의 참가 수준이 결정됩니다.

● 지도교사 요건

지도교사는 팀원의 시·도 내에 재직 중인 초·중·고 현직 교원이어야 합니다. (재외국민 팀은 해당 학교 교원)

● 팀원 교체

시·도 예선대회 주관 측에서 정한 기한까지 팀원 교체가 가능하며, 시·도 예선대회 후에는 팀원 변경이 불가합니다.

● 본선대회 참가 자격

본선대회에는 시·도 예선에서 선발된 팀만 참가할 수 있으며, 본선 참가팀은 팀원 교체나 충원이 불가합니다.

　　결원이 생길 경우 해당 인원을 제외하고 참가하며, 최소 4명 미만일 경우 참가가 불가합니다.

● 참가 요건

본선대회에서 팀원 전원이 표현 과제, 제작 과제, 즉석과제에 참가해야 합니다.

● 규정 위반 시

대회 종료 후 규정 위반이 확인되면, 입상 기록이 자동으로 취소됩니다. 참가팀은 규정을 충분히 숙지하여 불이익을 받지 않도록 유의해야 합니다.

선생님, 대한민국 학생창의력 챔피언대회의 시·도 예선대회 참가 방법이 궁금해요!

우선 팀을 구성하였다면 시·도 예선대회에 참가하기 위해서 일정을 세우고 준비해야 합니다.

시·도 예선대회 일정 세우기

시·도 예선대회는 비공개로 진행되며, 표현 과제 경연(공연) → 즉석과제 순으로 진행됩니다. 그러나 시·도의 시간표에 따라 즉석과제 → 표현 과제 순으로 진행될 수도 있습니다.

대한민국 학생창의력 챔피언대회 시·도 예선 일정표 예시

일자	계획	비고
○월 ○일	□ 대한민국 학생창의력 챔피언대회 과제(표현 과제) 확인	□ 대회 홈페이지 확인
○월 ○일	□ 교내 대한민국 학생창의력 챔피언대회 설명회	□ 참가 학생 모집
○월 ○일	□ 팀 구성 및 문제 파악	
○월 ○일	□ 표현 과제 해결계획서 작성 방법 안내	
○월 ○일	□ 참가 신청서 및 표현 과제 해결계획서, 위임장 제출	□ 대회 홈페이지 접수
○월 ○일	□ 시·도 예선대회 일정 및 팀별 참가 계획 수립	□ 학생, 학부모 전체 회의
○월 ○일	□ 대회 입상작 분석 및 표현 과제에 대한 사전 조사	□ 과제 학습
○월 ○일 ~ 시·도 예선 대회 전날	□ 유형별 즉석과제 해결을 위한 역할 분담 □ 표현 과제 해결 시나리오(대본) 작성 □ 유형별 즉석과제 연습 □ 시나리오(공연) 연습 □ 경연 스케줄 확인 및 질의	□ 시나리오(대본)준비 및 연습
대회 당일	□ 시·도 예선대회 참가 : 수준별(초·중·고) 표현 과제, 즉석과제 참가(비공개 진행)	□ 경연 순서 확인
대회 후	□ 연습 장소 정리 정돈 및 대회 평가회	□ 평가 및 분석

시·도 예선대회 제출 서류

참가하는 모든 팀은 다음의 문서를 시·도 예선대회 접수 시 제출해야 합니다. 제출 방법은 시·도마다 별도 공지합니다.

① 표현 과제 시나리오(3부)

② 표현 과제 해결계획서(3부) *온라인 접수 시 제출한 계획서 수정 가능

③ 학교장 동의서(1부)

※ 동일 학교 소속의 팀원 또는 지도교사는 1장의 동의서만 작성해도 무
방합니다.

※ 소속 학교가 다른 경우는 소속 학교에 따라 학교장 동의서를 제출합니
다. (지도교사도 개별 제출)

시·도 예선대회 참가 과정

※ 경연 시간표에 따라 표현 과제, 즉석과제의 순서는 달라질 수 있습니다.

· 예선대회의 표현 과제 준비 방법: 공지된 표현 과제를 소품 없이 대회 현
장에서 비공개로 심사위원에게 공연으로 표현합니다.

· 예선대회 평가: 서면 심사 (10%) + 표현 과제 (50%) + 즉석과제 (40%)

표현 과제(15분 내외)	즉석과제(15분 내외)
본선대회 표현 과제의 문제 해결 평가	참가 수준별 과학·기술 유형 평가 (경연 장소에서 즉석으로 문제 공지)
참가팀 대기	참가팀 대기
참가팀 협의	즉석과제 참가
표현 과제 참가	
※ 상기 시간은 표현 과제 경연 (8분), 심사 등을 모두 포함한 시간	※ 상기 시간은 즉석과제 참가 (8~10분 내외), 심사 등을 모두 포함한 시간

표현 과제에 따른 시나리오(대본) 준비와 연습

대본 분량은 A4용지 약 4장 내외이며, 팀원 모두 참여하는 즐겁고 재미있는 공연을 할 수 있도록 노력해야 합니다. 시나리오 준비 및 연습 과정은 다음과 같습니다.

① 주제 정하기
② 전체 내용 설계
③ 설계 내용에 다양한 요소 첨가
④ 과제 요구사항, 무대 변환 시간을 고려해 필수 요소 추가
⑤ 공연을 연습하면서 대본 수정 및 보완

대한민국 학생창의력 챔피언대회는 연극 대회가 아니라 공연 형식을 빌려 과제를 창의적으로 표현하는 대회입니다. 따라서 표현 과제에서는 화려한 의상이나 무대 배경보다 과제의 요구사항을 창의적인 내용으로 구성하고 표현하는 것이 중요합니다. 주제를 정하고 간단한 개요를 짠 후에 내용을 점차 풍성하게 덧붙여 나가는 방식이 효율적입니다.

표현 과제의 시나리오에는 팀이 전달하고자 하는 핵심 내용이 상징적으로 담겨 있어야 하므로, 무엇보다 기획 단계가 중요합니다. 해결계획서의 줄거리 전개 과정에 들어갈 장면과 각 장면에 등장할 인물을 선정하여 큰 맥락을 설정한 후 시나리오를 완성해야 합니다.

시나리오는 팀원 전체가 함께 작성하는 것이 바람직합니다. 연습하다 보면 과제 요구사항에서 부족한 부분이 발견되고는 하는데요. 그렇게 여러 번의 수정과 보완을 통해 완성도를 높일 수 있습니다. 시나리오는 제시된 과제의 의도와 잘 맞아야 하며, 무엇보다 팀원 모두가 즐겁게 참여할 수 있도록 구성하는 것이 중요합니다.

즉석과제 준비

각 팀은 예선대회에서 즉석과제를 수행해야 합니다. 즉석과제는 대회 현장의 비공개 장소에서 팀원들만 입실하여 수행합니다. 각 팀에게는 즉석과제 문제와 이를 해결하기 위한 재료가 제공됩니다.

시·도 예선대회의 즉석과제는 과학·기술형 문제로 출제됩니다. 팀원들이 주어진 문제를 해결하고 시연하여 평가받는 방식입니다. 과학·기술형 문제 예시는 다음과 같습니다.

· 한정된 재료로 다른 물건 만들어 내기

　　: 공 위에 탑 쌓기, 청소용품을 만들어 청소하기, 종류별로 공 매달기 등
· 한정된 공간에서 물체를 이동시키는 방법 찾기

　　: 공의 여행, 장애물 골프 등

즉석과제는 대체로 다음 순서로 진행됩니다.

즉석과제에서 중요한 점은 다음과 같습니다.

첫째, 즉석과제에서는 팀워크가 매우 중요합니다. 팀원들에게는 주어지는 재료의 본래 용도 외의 새로운 기능을 찾는 창의적인 사고가 요구됩니다. 대부분 물체는 다양한 형태로 변형해서 사용할 수 있습니다. 팀원들은 재료의 활용 방안에 대해 충분히 의견을 나누어야 합니다. 예를 들어, 빨대를 자를지 그대로 사용할지, 연결할지 별도의 모양을 만들지 등 다양

한 활용 방안을 의논하고 최적의 방법을 찾아야 합니다.

둘째, 팀원 개개인이 최대한 창의력을 발휘할 수 있도록 서로의 의견을 수용하고 인정하는 자세가 필요합니다. 짧은 시간 내에 창의적인 아이디어를 도출하기 위해서는 협력이 필수적입니다.

셋째, 팀원 간 소통은 긍정적이어야 합니다. 팀원의 의견을 무시하거나 비난하는 것은 감점 요소이므로 타인의 의견을 존중하는 태도가 중요합니다.

넷째, 모든 재료를 다방면으로 활용하는 계획이 필요합니다. 예를 들어 10가지 재료가 주어진다면 이를 다양하게 사용해 과제에 적합한 해결 방안을 찾는 것이 좋습니다.

다섯째, 뒷정리는 필수입니다. 즉석과제 후 퇴실할 때 주변을 깨끗이 정리하지 않으면 감점될 수 있습니다.

03

선생님, 대한민국 학생창의력 챔피언대회의 전국 본선대회 참가 방법이 궁금해요!

대한민국 학생창의력 챔피언대회에서 가장 중요한 것은 대회 규칙을 정확히 이해하는 것입니다.

첫째, 행정 절차를 확인하고 참가 서류를 양식에 맞게 작성해야 합니다.

둘째, 표현 과제 경연 준비를 철저히 해야 합니다. 대본 작성, 무대 배경, 의상, 소품, 팀 간판 등 요구되는 사항들을 꼼꼼히 점검합니다.

셋째, 제작 과제와 즉석과제를 준비합니다.

마지막으로, 궁금한 것은 질문하면 됩니다. 단, 질문 횟수나 기한이 정해져 있을 수 있으므로 공지사항을 꼼꼼히 확인합니다.

전국 본선대회 참가를 위해서 일정을 세우고 준비해야 합니다.

전국 본선대회 참가 **TIP**

□ 대회 규칙상 지도교사는 팀장과 함께 팀의 대표자입니다. 즉, 대회 규칙을 완벽히 이해해야 합니다.

□ 행정 절차를 확인하고, 모든 양식을 작성하고 마무리해야 합니다.

□ 대회와 관련된 모든 것은 팀원들과 공유해야 합니다.

□ 팀원 결성 및 팀의 모든 일정을 정하고 관리해야 합니다.
  – 인터넷 카페, 네이버 밴드 등을 사용하여 관리하면 편리합니다(공지사항, 즉석과제 해결, 일정 관리 등).

□ 즉석과제를 준비하여 모임을 시작할 때마다 팀원들이 해결하도록 하는 것이 좋습니다.
  – 연습할 시간이 거의 없으므로 매일 한 문제나 두 문제씩 진행하는 것이 바람직합니다.

□ 대회 지도 과정, 대회 참가와 관련된 문의나 질의 사항은 반드시 정해진 양식에 작성하여 서면으로 제출해야 합니다.

□ 대회 준비를 위해서는 다음과 같은 절차를 거치는 것이 좋습니다.

대회 지도를 위한 일정 세우기 → 표현 과제 경연을 준비할 목록 챙기기 → 공연 대본 작성하기 → 무대 배경, 의상, 소품, 팀 간판 만들기 → 표현 과제 세부 내용 준비하기 → 공연 연습하기 → 본선대회 참가 서류 작성하기

전국 본선대회 참가 일정 세우기

대한민국 학생창의력 챔피언대회 전국 본선 일정표 예시

일자	지도 계획	비고
시·도 예선 직후	□ 전국 본선대회 참가를 위한 일정 정하기	□ 학생 전체 회의
시·도 예선 직후 ~ 전국 본선 전날	□ 팀별 표현 과제 해결을 위한 역할 분담 □ 표현 과제 주제 선정에 따른 시나리오 작성 □ 표현 과제 장치 개발 구상 및 제작 □ 표현 과제 무대 배경 및 소품, 음악 구상 및 제작 □ 표현 과제 공연 연습	
	□ 제작 과제 문제 해결 연습 및 즉석과제 연습 □ 해결계획서 등 제출 서류 작성(제출 기한 확인)	□ 제작 과제, 즉석과제 중점 연습
전국 본선 전날	□ 표현 과제 참가를 위한 물품 제출	□ 대회 장소 확인
전국 본선 당일	□ 전국 본선대회 참가 : 표현 과제 및 제작 과제, 즉석과제 문제 해결	□ 대회 참가 순서 확인
전국 본선 후	□ 연습 장소 정리 정돈 및 자체 평가회	□ 자체 평가

표현 과제를 위한 준비 목록

표현 과제를 위해 준비할 목록은 다음과 같습니다.

┌─────────────────────────────┐
체크 리스트

☐ 대본
☐ 무대 배경
☐ 의상
☐ 공연 중 소품
☐ 음향, 효과 등
☐ 팀 간판(의무사항이나 심사대상은 아님)
☐ 본선 제출 서류
└─────────────────────────────┘

전국 본선대회 참가 준비를 하면서 시·도 예선대회에서 완성한 공연 시나리오(대본)에 좋은 아이디어를 추가하고, 전반적인 완성도를 높여야 합니다. 이를 위해서는 주제를 충분히 탐구하고 도입, 전개, 절정, 결말에 이르는 줄거리의 흐름이 자연스럽게 이어지는지 확인해야 합니다. 또한, 우리 팀이 전달하려는 핵심 메시지가 명확하게 표현되고 있는지 점검하는 것도 중요합니다.

선생님,
표현 과제의 해결계획서
작성 방법이 궁금해요!

홈페이지에 표현 과제가 게시되면 각 내용을 분석하고 서류를 작성합니다. 다음은 실제로 작성한 서류입니다.

표현 과제 해결계획서

도전과제	'움직이는 건축물'
참가 팀명	미네르바
학교급별	□초 □중 ☑고
공연 제목	로미오~ 건축물의 비밀을 풀어라!

1. 팀이 선정한 주제에 대해 설명하시오.

누구도 막지 못할 주인공들의 사랑의 힘은 인간의 방해와 움직일 수 있는 건축물의 장애도 극복하고 결국 그들을 만나게 함.

즉, 원래는 주인공들 사랑의 장애 요소인 건축물을 사랑의 힘으로 극복하여 결국 움직이는 건축물이 그들의 사랑을 이룰 수 있는 긍정적 수단으로 바뀐다는 순애보.

2. 공연 내용의 전개 과정을 간단히 소개하시오.

1) 로미오는 줄리엣을 보러 매일 같이 줄리엣의 집으로 가고, 로미오가 줄리엣 방의 창문을 두드리는 소리가 애절하게 들려옴.

2) 줄리엣 부모는 로미오와 줄리엣이 만날 수 없도록 줄리엣을 방에

가둬두고 밤이 되면 줄리엣 방을 지하 깊숙한 곳으로 옮겨놓음.

3) 로미오는 줄리엣의 방이 있는 건축물의 비밀스러운 구조를 밝혀내고자 온갖 노력을 하지만 결국 실패하여 절망에 이름.

4) 이때 건축물의 비밀을 알고 있는 하녀가 도와 로미오는 건축물의 비밀을 풀고 줄리엣은 담장 너머로 이동하게 되어 사랑이 이루어짐. 사랑의 힘과 태양에너지로 움직이는 건축물이 인간에게 어떻게 도움이 되어 가는지 그 과정을 뮤지컬 형식으로 표현해 흥미로움을 더해줌.

3. 움직이는 건축물에 대해 간단히 설명하고 움직이는 모습을 표현하기 위해 적용된 과학 또는 기술적 원리에 대해 설명하시오.

태양에너지 발전 형태의 역 원뿔 모양 건물(팽이 모양)로 아래에 무게 중심이 있음.

1) 전동 도르래의 원리: 건축물의 상하 이동 시 사용되며 태양에너지를 이용한 발전 형태.

2) 원형 전동축의 원리: 각 층은 각각 원형 축을 중심으로 회전이 가능.

4. 공연에 등장하는 창의적인 인물과 창의적 의상에 대해 설명하시오.

내용은 새롭게 구성한 데 비해 등장인물들은 〈로미오와 줄리엣〉 그리고 〈춘향전〉의 등장인물을 서로 교차시켜 흥미와 친숙함을 연출함.

　1) 창의적 인물(하녀): 로미오의 갈등 구조에 대한 실마리를 제시하고 미래의 대체에너지를 제시해 우리들의 불투명한 미래의 문제 해결사로 등장하는 상징적인 인물.

　2) 창의적 의상

　① 기능성 의상: 컴퓨터 음악 CPU와 스피커를 장착해 음향을 담당.

　② 로미오와 하녀의 태양에너지 칩 의상: 건축물의 비밀을 푸는 실마리가 되고 미래의 대체에너지를 상징함.

5. 무대 배경의 특징과 기술적 변환 방법 2가지를 소개하시오.

　1) 무대 배경의 특징

　기본 무대 배경에 복잡하고 추상적인 미래의 모습을 표현해 로미오의 복잡한 심리상태의 갈등 구조를 부각함.

　그 앞에는 회전과 접힘이 용이한 버티컬을 설치해 내용 전환이 필요할 때 즉시 장면 전환을 할 수 있는 이중구조로 나타냄. 로미오가 건축물의 비밀을 풀고 사랑이 이루어지는 장면에는 다른 등장인물들은 버티컬 배경의 뒤에서 버티컬을 하나씩 회전시키며 빠르게 여러 가지 익살과 재치를 보여 무대효과를 극대화함.

   2) 기술적 전환 방법

   ① 회전 원리: 버티컬을 각각 움직여서 새로운 무대 배경을 만듦.

   ② 접힘의 원리: 버티컬을 양쪽으로 접으면 새로운 배경이 나타나 장면이 전환됨.

6. 공연에 사용할 음악 및 음향, 의상, 소품의 특징을 설명하시오.(창작 여부 표시)

   1) 음악 및 음향: 미디 프로그램을 이용해 우리의 공연 구성에 맞는 리듬과 악기로 재구성한 음향 그리고 직접 창작한 노래와 춤으로 엮는 뮤지컬.

   2) 의상 및 소품

   ① 의상: 재활용품을 이용하고 태양에너지를 장치한 의상을 사용해 자원의 중요성 인식.

   ② 소품: CPU를 음향 장치로 이용해 팀원이 직접 발명한 포켓 기타, 건축물의 움직임에 중요한 역할을 하는 태양에너지 장치를 소품으로 설치 등등.

7. 준비 과정에서 팀원들의 역할 분담과 공연 활동 중의 역할 분담을 기록하

시오.

    1) 준비 과정: 7명이 협동하여 주제와 공연 구성을 정하고 일의 효율성을 위해 역할 분담.

       · 역할: 공연 대본 구성 및 정리, 건축물 담당, 무대 배경, 음향 정리

    2) 공연: 공연 중 건축물 변환은 포졸 1, 2가, 무대 변환은 하녀와 손 사또가 역할을 겸함.

       · 등장인물: 로미오, 로미오 친구, 줄리엣, 하녀, 손 사또, 포졸1, 포졸2

팀은 위의 내용을 바탕으로 많은 회의를 거쳐 과제를 어떻게 해결할지, 아이디어를 수정하고 다듬습니다. 그리고 아래와 같이 더 구체적으로 해결계획서를 작성합니다.

표현 과제 해결계획서

도전과제	'움직이는 건축물'
참가 팀명	미네르바
학교급별	□초 □중 ☑고
공연 제목	쓰나미

1. 팀이 선정한 주제에 대해 설명하시오.

자연재해를 이겨내는 위대한 건축물의 비밀.

2. 공연 내용의 전개 과정을 간단히 소개하시오.

2030년 어느 날 거대한 쓰나미가 도시를 강타해 빌딩에 있던 소녀의 부모님이 돌아가신다. 슬퍼하며 쓰나미를 이겨내는 방법을 고민하는 소녀에게 쓰나미별의 외계인이 와서 소녀를 쓰나미별로 데리고 간다.

하루에 세 번씩 쓰나미가 밀려와도 쓰나미별의 튼튼한 건축물들은 피해를 보지 않는다. 소녀는 건축물의 비밀을 알아내고 지구로 돌아가 움직이는 건축물의 비밀을 알리기로 결심한다. 이 공연을 통해 지구 환경 문제의 심각성을 돌아보고 지구에 평화가 찾아오기를 희망한다.

3. 움직이는 건축물에 대해 간단히 설명하고 움직이는 모습을 표현하기 위해 적용된 과학 또는 기술적 원리에 대해 설명하시오.

16개의 블록 형태로 만들어진 8층짜리 건물. 이 건물은 중앙의 나사선을 타고 상하로 움직이며 유압실린더를 이용한 상하운동을 크랭크를 이용하여 원운동으로 바꾼 뒤 와이어의 감김과 풀림을 조절하여 세로형의 구조가 가로형으로 변하는 원리임.

4. 공연에 등장하는 창의적인 인물과 창의적 의상에 대해 설명하시오.

    1) 창의적 인물(쓰나미): 자연재해인 쓰나미를 배경이 아닌 등장인물을 통해 표현했고 그 인물이 입은 쓰나미 의상도 우리가 쓰고 버린 것으로 만듦으로써 지구의 쓰레기가 지구 온난화를 초래하며 그것이 쓰나미로 몰려옴을 상징적으로 설정함.

    2) 창의적 의상: 쓰나미별의 외계인 의상. 재미있는 각종 과학적 도구를 장착.

    ① 머리의 헬멧에 하루 3번 쓰나미를 알리는 자동 타이머 부착.

    ② 손전등을 이용한 레이저 빔.

    ③ 재활용품을 이용한 위성통신 안테나.

5. 무대 배경의 특징과 기술적 변환 방법 2가지를 소개하시오.

1) 무대 배경의 특징

① 지구의 도시 배경: 현재의 오염된 환경을 고발하기 위해 쓰레기와 신문지를 이용해 회색 도시를 표현.

② 외계인이 사는 쓰나미별의 배경: 우산을 이용해 다양한 별세계를 입체적으로 표현하고 물 펌프를 이용해 쓰나미를 상징하는 창의적 무대 배경 표현.

2) 기술적 변환 방법

① 도시를 배경으로 한 무대에 쓰나미가 올 때 무대 배경이 자석을 이용하여 양옆으로 펴짐.

② 쓰나미별의 배경이 블라인드처럼 처지고 돌아감. 옆에는 쓰나미의 상징으로 물이 계속 순환하도록 펌프가 작동(모터 이용).

6. 공연에 사용할 음악 및 음향, 의상, 소품의 특징을 설명하시오. (창작 여부 표시)

1) 음악 및 음향

① 직접 믹싱한 효과음들: 외계인이 들고 있는 기타(팀원이 직접 발명한 포켓 기타)를 통해 창의적 표현.

② 바다의 쓰나미를 표현하기 위해 직접 연주하는 난타.

2) 의상

① 쓰나미 의상: 지구인이 버린 쓰레기들을 이용해 지구의 재앙을 쓰나미로 상징.

② 외계인 의상: 재활용품을 이용해 레이저, 위성통신 안테나 등의 과학적 도구를 사용한 의상으로 지구와 다른 세상을 표현.

3) 소품

① 쓰나미를 표현할 파란색 비닐과 쓰나미의 위협을 감지하면 울리는 3회 타이머.

② 모터를 이용해 물이 순환하는 펌프 등 재미있는 의상과 소품이 등장.

7. 준비 과정에서 팀원들의 역할 분담과 공연 활동 중의 역할 분담을 기록하시오.

1) 준비 과정: 7명이 협동하여 주제와 공연 구성을 정하고 일의 효율성을 위해 역할 분담.

· 역할: 공연 대본 구성 및 정리, 건축물 담당, 무대 배경, 음향 정리 및 포켓 기타

2) 공연 중 역할 분담

· 등장인물: 소녀, 쓰나미, 외계인1, 외계인2, 아나운서, 건축물, 멀티맨

다음은 학생들이 실제로 무대 장치와 연결한 움직이는 건축물 사례입니다.

움직이는 건축물 모형의 구상도

현재 우리가 살고 있는 이 땅은 지구 온난화로 인해 심각한 위기에 처해있습니다. 이런 지구 온난화의 원인은 바로 탄소 배출입니다. 현재 전 세계에서 탄소 배출량을 줄이기 위해 힘쓰고 있는데요. 이 탄소 배출의 가장 큰 주역이 바로 건축물입니다.

미국 한 연구기관의 조사에 따르면, 건물을 생산하는 행위 그리고 그 건물을 폐기할 때까지 전 생애 주기 동안 발생하는 탄소 배출량이 전체의 40%를 차지하고 있다고 합니다.

이런 전 세계적 문제점을 안고 저희 미네르바 팀이 만드는 건축물, 자연을 닮아가는 건축물 'natnat'를 소개합니다.

'natnat'는 16개의 블록 형태로 만들어진 8층짜리 건물입니다. 이 건물은 중앙의 나사선을 타고 상하로 움직이며 유압실린더를 이용한 상하운동을, 크랭크를 이용하여 원운동으로 바꾼 뒤 와이어의 감김과 풀림을 조절하여 세로형의 구조가 가로형으로 변하는 건물입니다. 2004년 인도네

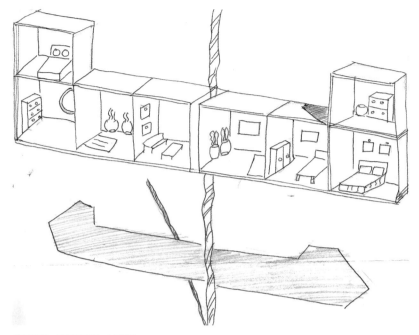

움직이는 건축물의 스케치

시아 수마트라섬 인근에서 일어난 지진해파는 세계적으로 큰 충격을 주었습니다. 그것을 방지하도록 설계된 것이 바로 'natnat'입니다. 지진해파가 일어났을 때는 건물이 위로 올라가면서 가로에서 세로형으로 바뀌어 높이는 유지하되 물 피해를 없애는 설계입니다. 물론 건물의 움직임과 냉·난방 및 건물에 사용되는 에너지는 자연에너지를 사용하여 석유 의존도를 1%

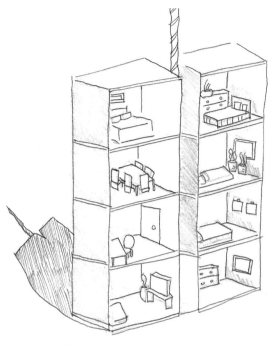

움직이는 건축물의 스케치

미만으로 낮추는 설계입니다.

자연재해와 환경문제를 생각하여 만든 'natnat'는 외벽은 햇빛을 전기로 바꾸는 필름을 활용한 태양광 전지 패널이 설치되어 있으며 건물 곳곳에 풍력 터빈을 설치하여 전기로 바꿉니다.

유리 역시 태양열을 차단하고 자연광만 통과시키는 특수 재질을 사용하여 보온 효과가 있으며, 인간의 분뇨 등 배설물을 에너지화하고 냉·난 방 효율을 최대로 하기 위하여 건물 높이를 10층 이내로 지었습니다.

　건축공정은 두바이에 세워지는 다이나믹타워 그리고 한국의 거가 대교와 같이 공장에서 맞춤 제작 후 현장에서 조립하는 형식입니다. 이런 공정으로 건축물 생산 시 발생하는 환경파괴도 줄이고 비용과 시간의 절감 효과도 주었습니다.

　또한 옥상을 녹화하여 도심 속 이산화탄소를 흡수함과 동시에 냉난 방 효과를 극대화했습니다. 게다가 옥상녹화로 시민들에게 새로운 휴식 공간을 주어 인간 복지에도 신경을 쓴 건축물입니다.

　공연에 사용될 모형은 나사선과 모터 그리고 축을 이용하여 형상화 하였습니다. 나사선을 사용하면 건물을 들어 올릴 때 힘이 많이 들어가므로 시간이 걸리지만, 작은 힘으로도 물건의 위치를 변경시킬 수 있기 때문에 나사선을 사용했습니다.

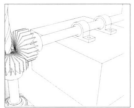

움직이는 건축물 제작에 사용한 나사선과 모터 및 움직이는 건축물 구상도

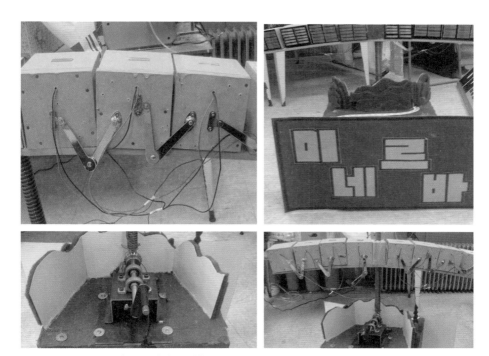

우리 팀이 실제로 제작한 움직이는 건축물

선생님,
각 과제에서 유의할 점은
무엇일까요?

표현 과제

표현 과제에서 가장 중요한 것은 공연의 내용과 형태입니다. 공연의 주제와 구성은 대회의 요구사항을 충족하면서도 창의적이어야 합니다. 특히 공연 소재를 선택할 때는 인종, 성별, 종교, 정치, 사회적으로 민감한 사안을 다루거나 특정 집단을 비하하는 내용, 욕설, 선정적 요소, 가학적 내용 등이 포함되지 않도록 주의해야 합니다. 저작권과 초상권도 침해하지 않도록 특히 유의해야 합니다.

또한, 준비 과정에서 과제의 요구사항을 정확히 파악하고 평가 요소

표현 과제의 과제물 보관 장소

를 틈틈이 계속 확인하는 것이 바람직합니다. 평가표를 참고하여 공연의 요구사항, 평가 요소, 배점을 확인하면서 준비를 진행하는 것입니다.

　　마지막으로, 대회 준비 과정 중에는 과제물 보관 장소에 필요한 자료를 보관하며 대회 준비를 체계적으로 수행해야 합니다.

제작 과제

제작 과제에서는 무엇보다 요구사항을 잘 확인해야 합니다. 장치 제작 및 설계에 대한 요구사항을 지키면서 제작하고 설치해야 합니다.

제작 과제 경연장

즉석과제

즉석과제는 문제지를 잘 읽어야 합니다. 문제를 꼼꼼히 읽고, 요구사항을 이해한 후 과제를 수행해야 합니다. 많은 학생이 문제를 충분히 파악하지 않고 즉석과제를 진행하고는 합니다.

어떤 과제든 가장 중요한 것은 요강과 문제를 꼼꼼히 읽고 철저히 준비하는 것입니다. 여러분, 꼭 문제를 잘 읽어주세요!

구분	내용
표현 과제	□ 표현 과제는 공연을 창작하는 과제입니다.(예선에서는 소품을 사용하지 않고 공연합니다.) □ 표현 과제의 공연 시간은 8분입니다. □ 팀원 모두 협의해서 작성합니다. □ 무대 배경의 최대 높이는 160cm 정도가 좋습니다. 무대 배경은 다양한 변화를 줄 수 있도록 만듭니다. □ 재활용품을 많이 활용하는 것이 좋습니다. □ 팀 간판과 구호를 준비하면 팀의 단합된 모습을 보여줄 수 있습니다.
제작 과제	□ 제작 과제는 구조물 및 장치를 만드는 과제입니다. (예선에서는 진행하지 않습니다.) □ 제작 과제의 구조물 제작 시간은 1시간 30분입니다. □ 제작 과제는 우선 과제 설명을 잘 듣고, 구조물을 제작하고, 미션 수행 및 심사위원 평가 순으로 진행됩니다. □ 제작 과제는 대회 전에 일부분을 공개하고, 현장에서 구체적인 조건을 추가로 제시합니다. □ 사전 공지했던 과제의 내용을 분석하고, 현장에서 어떤 미션이 추가될지 예상하면서 과제를 준비합니다. 대회에서 추가 미션이 제시되면 재료 활용 방식 등의 아이디어를 조원들과 공유하면서 해결 방안을 논의합니다. □ 제작 과정이나 결과물에 대한 발표를 요구할 수도 있습니다. □ 사전에 미션 수행을 테스트할 수 있는 시간을 충분히 확보하고 제작합니다. 주어진 시간을 초과하지 않아야 합니다. □ 제작 과제를 수행할 때 팀장은 팀원들의 역할을 효율적으로 분담합니다.
즉석 과제	□ 즉석과제는 준비된 재료를 활용해 문제를 해결하는 과제입니다. □ 과제 수행시간은 15분입니다. (문제 분석, 과제 수행, 평가와 뒷정리까지 포함한 시간입니다.) □ 짧은 시간 안에 팀원 개개인이 창의력을 최대한 발휘할 수 있도록 서로의 의견을 존중하고 수용하는 자세가 필요합니다. 팀원의 의견을 막거나, 타인을 비방하거나 훼방하면 감점의 대상이 되므로 주의해야 합니다. □ 즉석과제는 발명교육포털 사이트의 즉석과제 기출문제에서 받아볼 수 있습니다. (발명교육포털 – 발명창의력대회 – 대한민국 학생창의력 챔피언대회 – 대회문제) □ 즉석과제를 수행할 때 팀장은 팀원들의 역할을 효율적으로 분담합니다.

표현 과제 공연 소품 만들기 Tip

무대 배경은 폐버티컬 블라인드로 제작했습니다. 잘 만드는 것보다도 팀원이 함께 작업하는 과정이 더 중요합니다.

모자는 폐안전모와 전등갓으로 만들었습니다.

선글라스는 철 수세미로 만들었습니다.

06

선생님, 표현 과제 공연은 어떻게 진행되나요?

대회 전 최종 리허설

표현 과제는 대회 전까지 철저하게 연습하는 것이 매우 중요합니다. 여러 번 반복 연습하며 동선과 무대 배경, 공연 시간 등을 점검해야 해요. 특히 공연 중에 발생할 수 있는 다양한 상황에 대해 구성원들끼리 충분히 논의하고, 대처 방법을 미리 구상해 두어야 합니다. 대회에서 성공적으로 공연하기 위해서는 연습이 필수입니다!

학교에서 최종 리허설을 진행해 보면서 발생할 수 있는 상황을 정리해 본다.

공연 전 준비

전국 대회장에서 각 팀은 무대에 오를 준비를 합니다. 이때 급하게 준비하지 않도록 학생 대표는 자기 팀의 공연 시간과 장소를 반드시 확인합시다. 무대에 올라가기 전에는 각자 역할을 다시 한번 확인합니다.

서로의 분장과 역할을 마지막으로 확인한다.

무대에 오르면 우리 팀의 공연을 이해하기 쉽게 설명하고 사회자의 질문에 잘 대답한다.

표현 과제 공연

무대에 오르면 우리 팀의 공연을 이해하기 쉽게 표현 과제의 특징을 소개합니다. 사회자의 질문에도 당황하지 않고 답변합니다. 이를 위해서는 질문을 예상해 보고 답변을 미리 준비해 가는 게 좋겠지요?

공연이 시작되면 준비한 대로 공연을 진행합니다. 그런데 공연 중에

주어진 미션에 관해 팀원들과 의논하고 미션 수행을 시도한다.

폐비닐을 사용해 바다를 표현하고 즐겁게 공연하는 모습

는 미션이 주어질 수도 있습니다. 이때는 당황하지 말고 팀원들과 의논해 미션을 공연에서 여러 번, 다양한 방식으로 도전해 보는 것이 점수를 획득하는 데 매우 유리합니다.

　창작 과제의 공연에서는 내용뿐만 아니라 소품으로도 다양한 창의력을 보여줄 수 있어야 합니다. 또한, 다양한 무대 배경을 적절히 전환해야 합니다. 물론 무엇보다 중요한 점은 우리가 즐거워야 한다는 것입니다. 우리가 즐거워야 보는 사람도 즐겁기 때문입니다.

07

선생님,
표현 과제의 시나리오 구성을
연습하는 방법을 알려주세요!

지난 표현 과제 중에 '그건 원래 이런 용도였다'라는 문제가 있었습니다. 팀은 주어진 조형물 중 하나를 선택해서 지금까지 알려진 용도가 아닌 전혀 다른 용도로 만들어졌다고 상상하고, 조형물이 만들어진 시대적 상황과 용도, 제작 동기와 사회에 미치는 영향 등을 논리적으로 설명해야 합니다.

자, 그러면 이어지는 다양한 건축물과 장소를 보고 여러분도 과제 풀이에 도전해 봅시다!

자유의 여신상은
어떤 용도로 만들어졌을까?

하버드대학교는
어떤 목적으로 만들어졌을까?

순천만국가정원은
어떤 목적으로 만들어졌을까?

　다른 과제도 살펴볼까요? 빵을 만드는 과정을 보고 빵이 이렇게 만들어지게 된 이유는 무엇인지, 이와 같은 레시피는 어떻게 나오게 되었는지 생각해 보고 이를 공연으로 구성하는 것입니다. 여러분의 상상력과 창의력을 발휘하여 재미있는 이야기를 만들어 보세요!

　다음 과정으로 만드는 빵은 바로 여러분이 좋아하는 달콤한 시나몬 빵

밀가루를
반죽한다.

밀가루 반죽을
넓게 펴준다.

밀가루 반죽 위에
재료를 넓게 펴준다.

말아서 오븐에 굽는다.

이랍니다. 시나몬 빵은 계피와 흑설탕을 넣어 말아 만든 특별한 빵입니다. 여러분은 어떤 이야기를 생각해 냈나요? 이 빵이 처음 만들어진 배경, 이 빵을 먹는 사람들의 특별한 사연 등을 시나리오에 담아본다면 아주 재미있는 이야기가 될 것입니다. 예를 들어, 어떤 학생은 '빵의 달콤함을 숨기기 위해 말아서 만들었다'는 시나리오로 공연을 구성했습니다. 또 다른 학생은 '건강에 좋은 약초를 넣기 위해 빵을 이렇게 만들었다'는 아이디어를

2024 서울억새축제의 조형물과 마스코트인 해치와 친구들

냈고, 또 다른 학생들은 '애국지사들이 암호를 전달하기 위해 다양한 토핑을 넣어 만든 빵'이라고 상상해 보았습니다.

　다음과 같은 사례도 있습니다. 매년 서울 마포구 상암동에서 열리는 '서울억새축제'처럼 각 지역, 각 나라에서는 각양각색의 축제가 열립니다. 이러한 축제들이 시작된 배경과 그 의미를 함께 고민해 보고 여러분만의 창의적인 아이디어를 더해보는 거예요.

　여러분이 축제의 마스코트를 직접 만들어 보고, 축제의 계획을 세워 보는 것도 좋은 방법입니다. 축제가 만들어진 이유와 그 의의를 공연으로 표현해 보면서 여러분의 이야기를 친구들과 나누어 보세요!

Chapter 4.

세계청소년
올림피아드에
도전하라!

01

선생님,
세계청소년올림피아드는
어떻게 운영되나요?

세계청소년올림피아드KIYO 4i, Korea International Youth Olympiad 4i는 우리나라가 개최하는 세계 대회입니다. 본선에 오르면, 외국 학생들과 창의력의 자웅을 겨루는 권위 있는 대회입니다.

　이 대회는 '발명 왕중왕전'과 '창의력 팀 대항전'으로 나뉘어 열립니다. 창의력에 관심이 많은 여러분은 창의력 팀 대항전에 출전하면 됩니다. 대회 준비는 다음과 같이 진행하면 됩니다.

　세계청소년올림피아드에 참가하려면 다음 서류를 준비하면 됩니다.

세계청소년올림피아드 일정

내용		날짜	세부 내용
대회 참가	문제 공고	홈페이지 참조	문제 공지 (https://www.kiyo4i.com)
	참가 접수	홈페이지 참조	온라인 접수 (https://www.kiyo4i.com) 대회 접수 참조
	참가 접수 (온라인 대회)	홈페이지 참조	온라인 접수 (https://www.kiyo4i.com) 대회 접수 참조
발명 왕중왕전 (초3~대학생) 개인 또는 2명	참가 접수	홈페이지 참조	온라인 접수 (https://www.kiyo4i.com) 대회 접수 참조
	본선대회 참가팀 발표	홈페이지 참조	(https://www.kiyo4i.com)
창의력 팀 대항전 (초3~고3) 3~4명 팀으로 참가	참가 접수	홈페이지 참조	온라인 접수 (https://www.kiyo4i.com) 대회 접수 참조
	본선대회 참가팀 발표 및 문제 해결	홈페이지 참조	(https://www.kiyo4i.com)

세계청소년올림피아드 제출 서류

내용		서류 및 내용
대회 참가	문제 공고	대회 요강
	참가 접수	참가신청서 1부 서약서 및 개인 정보 동의서 1부 요약서 1부 설명서 / 해결서 1부
	참가 접수 (온라인 대회)	참가신청서 1부 서약서 및 개인 정보 동의서 1부 요약서 1부 설명서 / 해결서 1부 동영상 (단, 온라인 대회 시 현장 과제는 생략)
발명 왕중왕전 **(초3~대학생)** **개인 또는 2명**	참가 접수	참가신청서 1부 서약서 및 개인 정보 동의서 1부 발명 요약서 1부 발명 설명서 / 해결서 1부
	본선대회 참가팀 발표	패널 및 발명품을 지정 장소에 배치 후 발표
창의력 팀 대항전 **(초3~고3)** **3~4명 팀으로** **참가**	참가 접수	참가신청서 1부 서약서 및 개인 정보 동의서 1부 요약서 1부 지정 과제 설명서 / 해결서 1부
	본선대회 참가팀 발표 및 문제 해결	지정 과제: 패널 및 발명품을 지정 장소에 배치 후 발표 현장 과제: 현장에서 문제 해결

친구야, 나와 함께 창의력 대회 도전하자

02

선생님, 세계청소년올림피아드의 참가 방법이 궁금해요!

세계청소년올림피아드 참가 절차

① 팀 구성하기

② 참가 준비를 위한 일정 세우기

③ 지정 과제 파악 및 규칙, 요구사항 파악하기

④ 지정 과제 문제 해결 준비하기

⑤ 지정 과제 패널 만들기

⑥ 지정 과제 모델 만들기

⑦ 지정 과제 해결서, 요약서 작성하고 제출하기

⑧ 각종 서류 준비 및 대회 참여하기

세계청소년올림피아드 참가 일정 세우기

세계청소년올림피아드에 참가하려면 일정을 세우고 철저히 준비해야 합니다.

세계청소년올림피아드 일정표 예시

일자	지도계획	비고
○월 ○일	□ 세계청소년올림피아드과제(지정 과제) 확인	□ 대회 홈페이지 확인
○월 ○일	□ 교내 세계청소년올림피아드 설명회	□ 참가 학생 모집
○월 ○일	□ 참가 팀 구성 및 문제 파악	
○월 ○일	□ 지정 과제 해결서 작성 방법 안내	
○월 ○일	□ 참가 신청서 및 지정 과제 해결서, 위임장 제출	□ 대회 홈페이지 접수
○월 ○일	□ 대회 일정 및 팀별 참가 계획 수립	□ 학생, 학부모 전체 회의
○월 ○일	□ 대회 입상작 분석 및 사전 조사	□ 과제 학습
○월 ○일 ~ 대회 전날	□ 과제 해결을 위한 역할 분담 □ 패널 제작 및 모형 제작 □ 발표 연습 □ 스케줄 확인 및 질의	□ 발명 시나리오(대본) 준비 및 연습
대회 당일	□ 대회 참가: 수준별(초·중·고) 지정 과제, 현장 과제 참가(비공개 진행)	□ 발표 순서 확인
대회 후	□ 연습 장소 정리 정돈 및 대회 평가회	□ 평가 및 분석

대회 과정에서는 주최 측과 소통할 수 있는 홈페이지를 꾸준히 확인하는 것이 중요합니다. 대회 요강, 문제, 결과, Q&A, 접수 등 모든 정보가 홈페이지를 통해 제공되기 때문입니다.

연습 시간은 발표 시나리오(대본) 작성과 연습, 현장 과제 연습을 위해 한 번에 2~3시간씩, 주 3~4회가 적당합니다. 또한, 선생님들께 발표 활동을 꼭 점검받기 바랍니다.

현장 과제는 다양한 문제를 체험할 수 있도록 세부 일정을 정해 공휴일에 준비하는 것이 좋습니다.

세계청소년올림피아드의 문제 유형

지정 과제(15분 내외)	현장 과제(15분 내외)
□ 대회 지정 과제의 문제 해결 평가	□ 참가 수준별 창의력, 과학, 기술 유형 평가 (경연 장소에서 즉석으로 문제 공지)
참가팀 대기	참가팀 대기
참가팀 협의	참가팀 협의
지정 과제 참가	
※ 상기 시간은 과제 발표(5분~10분 내외), 심사 등이 모두 포함된 시간 ※ 대회 일정에 따른 공지 확인 필수 – 발표 시간 등	※ 상기 시간은 현장 과제 참가(7~10분 내외), 심사 등이 모두 포함된 시간 ※ 대회 일정에 따른 공지 확인 필수 – 현장 과제 참가 시간 등

경연 시간표에 따라 지정 과제와 현장 과제를 반드시 확인하고 참석해야 합니다. 코로나19로 인해 2020년과 2021년 대회는 온라인으로 진행되었으며, 이 기간에는 현장 과제가 시행되지 않았습니다.

현장 과제란 대회 현장의 비공개 장소에서 팀원들만 입실하여 수행하는 과제입니다. 팀이 입장하면 주어진 문제와 재료를 받아 현장 과제를 해결하게 됩니다. 해결한 과제는 평가 방식에 따라 점수가 매겨집니다.

이때 유의할 점이 있습니다. 팀워크가 무엇보다 중요하며, 물체의 본래 용도를 잊고 새로운 기능을 창출해야 합니다. 주어진 물체를 여러 형태로 변형하여 사용하고, 제작 전에 팀원들과 협의를 거쳐 수행하는 것이 과제 해결에 매우 중요합니다.

현장 과제는 다음의 순서로 진행됩니다.

선생님,
세계청소년올림피아드의
지정 과제 사례를 알려주세요!

지금까지의 지정 과제를 살펴보면 준비 방법을 알 수 있습니다. 실제 문제는 공개 전까지 알 수 없지만, 미리 연습할 수 있는 내용을 준비하는 것이 중요합니다. 지정 과제는 대부분 지구촌에서 발생하는 문제들을 다루기 때문에 이를 살펴보면서 해결책을 고민하면 매년 바뀌는 문제에 대한 접근이 쉬워지고, 아이디어도 발전시킬 수 있습니다. 각 문제를 보면서 팀원들과 다양한 해답을 토론해 보세요!

문제의 배경 'The future we want'

세계는 항상 변화하고 있고, 인류는 그 변화에 적응해서 살아가고 있다.

인간 삶의 우리 주변에는 항상 많은 문제점이 도사리고 있으며, 많은 미래학자는 미래를 위해 현재 무엇을 할 것인가를 고민하고 있고, 그 고민을 해결하기 위해 노력하고 있다. 인류의 삶에 있어서 문제점을 해결하기 위한 변화와 적응은 항시 필요하며, 현재 시점에 문제점을 파악하고 미리 대비해야 한다.

UN 미래보고서에는 미래 지구촌의 당면과제로 물 부족, 인구와 자원 문제, 빈부격차 해소 등 여러 문제점을 지적하고 있다. 우리는 현재의 관점에서 미래의 문제를 해결하기 위한 아이디어를 산출하여 미래를 대비하도록 하자.

초등 문제: 황사의 피해를 줄여보자

사전 지식 중국과 몽골의 사막지대(고비 사막, 타클라마칸 사막 등) 및 황화 중류의 황토지대에서 바람이 불면 황사가 생겨 중국 및 인근 국가에 막대한 피해를 주고 있다. 물 부족과 지구 온난화 때문에 사막지대가 넓어지고 점점 농사를 지을 수 있는 경작지가 줄어들고 있다.

지구의 사막화를 막을 방법은 무엇일까? 사막이나 사막화가 진행되는 토지에 녹색 식물이 자라게 하는 방법은 무엇일까?

문제 1. 황사에 의한 피해를 조사해 보자.

2. 황사를 예방하거나 황사를 막을 수 있는 아이디어를 만들어 보자.

중등 문제: 바이러스와 세균의 질병을 이겨내거나 줄이기

사전 지식 인류는 항시 질병과의 싸움에 놓여 있다. 근래에 들어서도 지카 바이러스, 메르스, 에볼라 바이러스 등이 창궐하고 있고, 인류의 이동으로 다른 나라로 쉽게 전파되어 질병의 세계화 문제에 직면하고 있다.

또한 물 부족과 환경오염에 따른 오염된 물에 의해 눈에 보이는 많은 물을 먹을 수 없고, 아프리카의 일부 지역은 주민들이 오염된 물을 먹고 수인성 질병에 시달리고 있다.

어떻게 하면 인류는 바이러스와 세균에 의한 질병의 위협에 견딜 수 있을까? 어떻게 해야 질병을 줄일 수 있을까?

문제 2가지 문제 중 1개를 골라 문제를 해결하시오.

1. 모기나 파리는 질병을 옮기는 매개체이다. 모기 또는 파리의 개체수를 줄이거나 모기에게 물리지 않도록 하는 방법이 무엇일까?

2. 교통수단의 발달에 따라 인류는 질병이 있는 나라에서 다른

나라로 이동하는 가축, 인류 이동 때문에 질병이 쉽게 전파되어 질병의 세계화 문제에 직면하고 있다. 어떻게 하면 질병이 다른 지역으로 이동하는 것을 막을 수 있을까?

고등 문제: 적정 기술을 이용하자!

사전 지식 적정 기술Appropriate Technology이란 낙후된 지역이나 소외된 계층을 배려하여 만든 기술을 말한다. 즉, 첨단 기술보다 해당 지역의 환경이나 경제, 사회 여건에 맞도록 만들어 낸 기술을 말한다. 많은 돈이 들지 않고, 누구나 쉽게 배워서 쓸 수 있으며, 그것을 쓰게 될 사람들의 사정에 맞는 기술이다. 예를 들어 아프리카 남서부 나미비아 사막 마을에는 허공을 향해 대형 그물이 쳐져 있다. 이 그물은 새벽마다 안개에 젖고, 젖어서 맺힌 물방울은 파이프를 타고 흘러내려 주민들이 날마다 먹을 물이 된다. 그물보다 전기 펌프가 훨씬 첨단 기술이지만, 전기가 부족한 이 마을에서는 그물이 더 쓸모 있다.

문제 낙후된 지역이나 소외된 계층을 위한 적정 기술을 활용한 물건을 고안해 보자. 발명품이어도 좋고, 기존의 물건에 새로운 기능을 더해도 좋다. 주민이 겪는 어려움은 무엇이고, 무엇이 필요하며 그들을 위해 만들어질 물건은 어떻게 작동되는지 그림과 함께 설명하라.

문제의 배경 'The future we create'

세계 각 나라는 성장 위주의 정책을 펴온 결과 국민의 생활 수준은 나아졌다고 할 수 있으나, 그 부작용에 따른 사회의 문제점 또한 많이 발생하고 있다. 그중에서 동전의 양면과 같다고 할 수 있는 빈부격차의 심화 때문에 소외계층이 발생한다.

소외계층은 사회적, 경제적, 신체적으로 다른 계층에 비해 상대적으로 사회 참여의 기회가 제한되고 있다. 또한, 국가나 지원 단체의 지원 없이는 한 사회의 구성원으로서 평등한 혜택을 제공받을 기회로부터 배제되기 쉽다. 다행인 것은, 소외계층에 대한 사람들의 인식이 변화하고, 기부와 나눔이라는 따뜻한 문화가 널리 퍼지면서 세계인들도 이제 소외계층을 대상으로 관심과 기부를 하고 있다는 점이다.

우리도 모든 사람의 삶의 질이 높아질 수 있도록 고령층(노인), 빈곤에 시달리는 사람, 장애인에 대해 도움이 될 수 있는 아이디어를 산출하여 미래를 대비하도록 하자!

초등 문제: 장애인 삶의 질 개선

사전 지식 장애인은 신체 일부에 장애가 있거나 정신 능력이 원활하지 못해 일상생활이나 사회생활에서 어려움이 있는 사람을 의미한다. 태어날 때부터 장애를 가지고 있는 선천적 장애인이 있고, 사고 등으로 나중에 장애를 갖는 후천적 장애인도 있다. 장애가 없는 사람도 언제든지 사고로 인해 장애인이 될 수 있는 '비장애인'일 뿐이다.

우리 주변의 장애인이 겪는 불편한 점을 개선하는 방안을 찾아보자. 즉, 장애인이 어떤 불편을 겪는지 조사해 보고 장애인이 겪는 불편한 점을 개선하는 방법이나 새로운 발명 아이디어를 제시해 보자.

문제
1. 우리 주변의 장애인이 겪는 불편한 점이나 문제점을 찾아보자.
2. 우리 주변에 살고 있는 장애인들을 만나 불편한 점이나 문제점을 찾아보고 인터뷰를 해보자. 그리고 장애인들이 불편하다고 생각하는 문제를 해결하거나 개선할 수 있는 구체적인 방법이나 아이디어를 찾아보자.(해결하는 과정에서 본인과 팀원의 창의적인 발명 아이디어를 제시하는 경우 가산점 부여)
3. 우리 팀이 문제를 해결하기 위해 고안한 아이디어나 해결책을 자신의 나라에 파급시킬 방법이나 방안을 찾아보자.

중등 문제: 고령층(노인)에 대한 삶의 질 개선

사전 지식 각 나라는 농업사회에서 산업사회로 전환되면서 인구의 고령화 사회에 진입하고 있다. 의학의 발달로 인한 평균 수명의 연장과 사망률의 감소에 따라 각 나라는 미리 대비하지 못하고 고령화 사회를 맞이하고 있고, 앞으로도 상당 기간 노인의 평균 수명이 가파르게 상승하리라 예측된다. 대가족제도의 붕괴, 가치관의 변화, 농업 중심 사회에서 상공업 중심의 사회로의 전환은 특히 고령의 노인에게 주체적이고 독립적인 지위를 상실하게 하여 노인 빈곤 등 다양한 문제점을 노출하고 있다.

고령화 사회에서 노인에게 생길 수 있는 문제점은 무엇일까? 그 문제점 중 우리의 아이디어에 의해 개선할 점은 무엇이 있을까?

문제
1. 사회가 고령화되면서 생길 수 있는 노인의 문제를 조사해 보자.
2. 우리 지역 노인의 문제점을 찾아보고 인터뷰를 진행해 보자. 그리고 노인의 문제를 해결하거나 개선할 수 있는 구체적인 방법을 찾아보자.
3. 우리 팀이 문제를 해결하기 위해 고안한 아이디어나 해결책을 자신의 나라에 파급시킬 방법이나 방안을 찾아보자.

고등 문제: 빈곤 계층 삶의 질 개선

사전 지식 경기 침체, 전쟁, 자연재해, 산업화 사회로의 진행에 따른 빈부 격차 등 다양한 원인에 의해 빈곤층이 생기고 있다. 빈곤이란 최소한의 생활을 영위하는 데 필요한 수입 이하의 상태를 의미하기도 하고 영양상태, 주거 조건, 의복 등의 상태가 생존에는 영향을 주지 않지만, 공동체 전체의 생활 수준에 미치지 못하는 경우를 포함하기도 한다. 빈곤 문제는 계속해서 진행되는 현상이 되풀이되어, 한번 빈곤하면 다시 빈곤을 경험하게 될 위험이 커지거나, 나이가 들어도 빈곤을 벗어날 가능성이 작아진다는 점이 큰 문제가 되고 있다.

빈곤의 문제점은 무엇일까? 그리고 빈곤을 벗어나고 기본적인 생활을 유지할 수 있도록 도울 방법은 무엇이 있을까? 우리가 그 문제를 해결해 보도록 하자.

문제

1. 빈곤은 사회적, 국가적, 경제적 문제 등으로 생겨나고 있고, 심화하고 있다. 빈곤이 생겨나는 문제점을 조사해 보자.

2. 본인이 살고 있는 지역의 빈곤층을 인터뷰해 보자! 빈곤층의 문제점을 찾아 문제를 해결하거나 개선할 수 있는 구체적인 방법이나 아이디어를 찾아보자.

3. 우리 팀이 문제를 해결하기 위해 고안한 아이디어나 해결책을 자신의 나라에 파급시킬 방법이나 방안을 찾아보자.

문제의 배경 **'인간의 생각을 추월하는 기술의 속도,**

미래를 준비하고 기회를 잡아라!'

기술 개발의 속도가 급격히 빨라지고 있다. 과거에는 인류에게 큰 변화를 주는 기술적 혁명이 100년 또는 200년에 걸쳐 일어났다. 하지만 현재는 1년 만에 과거에 일어났던 큰 기술적 혁명이 일어나고 있다. 예를 들어 스마트폰은 2007년 이전만 해도 세상에 없던 물건이었으나, 이 작은 기기는 그때 당시에는 생각하지 못한 정도로 세상을 획기적으로 바꾸었다. 또 그에 따른 사회적 변화도 가져왔다. 그만큼 '기술 개발의 속도'는 '인간의 생각'을 추월해 가고 있다.

미래에는 SF 영화에서나 볼 수 있던 상상할 수 없는 일도 가능해질 것이며, 그 시기는 기술의 혁신적 발달로 우리의 생각보다 더 빨리 현실로 다가올 것이다. 그러므로 우리는 단순히 10년 후 같은 가까운 미래가 아닌 50년 이후의 더 먼 미래를 염두에 두고 우리의 사고방식과 가치관 그리고 문제점을 해결할 수 있는 준비를 하여야 한다. 그런 점에서 현재 과학기술이 어디까지 와 있고, 이것이 인류의 삶과 사회를 어떻게 변화시킬지 상상해 보자. 그리고 기술 발달로 인해 어떤 문제점이 생길지를 생각해 보자.

초등 문제: 기술 발달에 따른 자율주행차의 충격

사전 지식   미래에는 자동차 자율주행 기술 및 인공지능AI 기술, 인터넷의
발달로 인해 우버 택시, 차량 공유, 자율주행차가 일상화될 것
이다. 미래에 자율주행차가 나오게 되면 대부분 택시가 운전기
사가 없는 무인 택시로 변할 것이다. 그리고 이에 따라 자동차
보험, 주차장 등이 크게 변화하거나 사라지게 될 것이다.

이와 같이 자율주행차와 관련한 기술이 발달하면서 문화와 사
회에 큰 충격을 주고 변화를 주게 될 것이다. 이와 같은 자율주
행차 기술로 인해 많은 긍정적 측면도 있겠지만 이로 인한 여
러 문제점도 발생할 것이다.

과연 자율주행차로 인한 문제점이 무엇이며, 이 문제를 어떻게
해결해야 할 것인가?

문제   1. 자율주행차로 인한 개인적 또는 사회적 문제점을 조사해 보자.

2. 조사한 문제점 중 일부분의 문제점을 해결하거나 개선할 수
있는 구체적인 방법이나 아이디어를 찾아보자.(해결하는 과정
에서 본인과 팀원의 창의적인 발명 아이디어를 제시하는 경우 가산점
부여)

3. 우리 팀이 문제를 해결하기 위해 고안한 아이디어나 해결책
을 자신의 지역이나 해당 국가에 파급시킬 방법이나 방안을
찾아보자.

중등 문제: 죽지도, 병들지도 않는 '신인류의 삶'

사전 지식 미래에는 의료 시스템 발달에 따른 질병 예측과 인공지능AI에 의한 정확한 질병 진단 그리고 로봇에 의한 정확한 수술 등으로 과거에 비해 건강하고 장수를 누리는 인류가 많아질 것이다. 실제로 이에 따라 미래에는 세계 인구의 50퍼센트가 100세를 넘길 수 있다고 한다.

그러나 수명 연장은 생산력이 부족한 노인 인구의 증가, 세계 인구의 폭증 등의 많은 문제점을 초래할 수 있다. 이처럼 인간이 경험해 보지 못한 수명의 연장은 인류에게 행복을 주기도 하겠지만, 이로 인한 여러 문제점도 발생할 것이다.

과연 수명 연장에 따른 문제점이 무엇이며, 이 문제를 어떻게 해결해야 할 것인가?

문제 1. 수명 연장에 따른 개인적, 사회적, 국가적 문제점을 조사해 보자.

2. 조사한 문제점 중 일부분의 문제점을 해결하거나 개선할 수 있는 구체적인 방법이나 아이디어를 찾아보자.(해결하는 과정에서 본인과 팀원의 창의적인 발명 아이디어를 제시하는 경우 가산점 부여)

3. 우리 팀이 문제를 해결하기 위해 고안한 아이디어나 해결책을 자신의 지역이나 해당 국가에 파급시킬 방법이나 방안을 찾아보자.

고등 문제: 인공지능AI 시대에 따른 학교와 교육의 미래

사전 지식   IT, 빅데이터 기술의 급속한 발전에 힘입어 인공지능AI은 인간을 대신할 수 있다. 예를 들면 인공지능은 운전하거나, 월스트리트의 금융 전문가보다 월등한 수익을 내며, 전문의보다 더욱 정확한 진단을 내리기까지 한다. 인공지능과 빅데이터로 대변되는 4차 산업혁명으로 인한 급격한 사회의 변화는 미래에 대한 불확실성을 증폭시키고 이는 다시 현재 지식 중심의 교육에 대한 불안과 의문을 커지게 하고 있다.

과연 인공지능 발전에 따른 학교와 교육에는 어떤 문제점이 발생할 것이며, 이 문제를 어떻게 해결해야 할 것인가?

문제   1. 인공지능 발전에 따른 학교와 교육의 문제점을 조사해 보자.

2. 조사한 문제점 중 일부분의 문제점을 해결하거나 개선할 수 있는 구체적인 방법이나 아이디어를 찾아보자.(해결하는 과정에서 본인과 팀원의 창의적인 발명 아이디어를 제시하는 경우 가산점 부여)

3. 우리 팀이 문제를 해결하기 위해 고안한 아이디어나 해결책을 자신의 지역이나 해당 국가에 파급시킬 방법이나 방안을 찾아보자.

문제의 배경 '**지속 가능한 발전 – 미래를 준비하며 현재를 발전시키자!**'

과거에서부터 현대에 이르기까지 인간은 자연을 훼손하거나 마구잡이로 채취하여 경제 성장을 이루어 왔다. 그 결과로 경제 발전에 따른 지구의 사막화가 진행되고, 바다와 육지의 생명체는 고갈되고 있으며, 환경은 오염되어 물과 공기를 마음껏 들이킬 수 없는 현실에 이르게 되었다.

'지속 가능한 발전'이란 미래 세대가 그들의 필요를 충족할 수 있는 능력을 저해하지 않으면서 현재 세대의 필요를 충족하는 발전을 말한다.

즉, 경제 발전을 위한 자연환경의 개발 과정에서 자연환경의 피해를 최소화하는 방안으로 제시된 개념으로, 인간과 자연환경이 조화를 이루며 환경 보호와 발전이 병행될 수 있는 경제 발전을 의미한다.

현재의 발전도 중요하지만, 가까운 미래가 아닌 50년 이후의 더 먼 미래를 염두에 두고 우리의 사고방식과 가치관 그리고 문제점을 해결할 수 있는 준비를 하여야 한다.

그런 점에서 현재 과학기술이 어디까지 와 있고, 이것이 인류의 삶과 사회를 어떻게 변화시킬지, 그리고 기술 발달로 인해 어떤 문제점이 생길지를 생각해 보자.

초등 문제: 지속 가능한 소비와 생산 '책임감 있는 소비와 생산'

사전 지식 지속 가능한 소비와 생산은 '적은 비용으로 더 많은 것을 생산하고, 삶의 질을 높이는 것'을 목표로 하므로 삶의 질을 높이면서도 자원 낭비나 오염을 줄이는 경제적 활동을 하고자 한다.

현재 천연자원의 소비는 특히 동아시아 지역 내에서 증가하고 있다. 또한, 국가들은 성장에 따른 환경오염을 걱정하고 있다.

과연 지구 환경을 위해 플라스틱과 일회용품의 과다 사용을 줄이는 방법은 무엇일까? 아이디어를 내고 실천하는 방안을 찾아보자.

문제 1. 플라스틱이나 일회용품을 과다 사용하고 있는 곳을 조사하여 과다 사용에 따른 문제점을 조사해 보자.

2. 플라스틱이나 일회용품 사용을 줄일 수 있는 구체적인 방법이나 아이디어를 찾아보자.(해결하는 과정에서 본인과 팀원의 창의적인 발명 아이디어를 제시하는 경우 가산점 부여)

3. 우리 팀이 문제를 해결하기 위해 고안한 아이디어나 해결책을 자신의 지역이나 해당 국가에 파급시키는 방법이나 방안을 찾아보자.

중등 문제: 양성평등 '성평등 달성과 모든 여성의 자주적 독립'

사전 지식 보편적 초등교육 및 여성의 권익 교육에 따라 양성평등과 여성의 권익에 대한 진전을 이루었지만, 아직도 세계 각지의 여성 및 소녀들이 차별과 폭력을 계속해서 겪고 있다. 최근에 일부 국가에서는 여성에게 운전을 허용하고, 여성의 스포츠 관람을 허용하는 등 여성의 권리가 긍정적으로 높아지고 있음을 알 수 있다. 그러나 아직도 여성의 권리가 해결되지 않은 부분이 있다. 세계 각지에서는 여성과 소녀들은 교육, 건강관리, 양질의 일자리 제공과 정치적·경제적 의사결정 과정 등에서 동등한 대우를 받지 못하고 있는 삶을 살고 있다.

과연 우리 지역이나 주변의 여성과 소녀들이 남성에 비해 동등한 대우를 받지 못하는 점은 무엇이며, 어떻게 이 문제를 해결해야 할 것인가?

문제

1. 우리 지역이나 주변에서 양성평등이 이루어지지 않거나 여성과 소녀들이 동등한 대우를 받지 못하는 점이 무엇인지 문제점을 조사해 보자.

2. 조사한 문제점 중 일부분의 문제점을 해결하거나 개선할 수 있는 구체적인 방법이나 아이디어를 찾아보자.(해결하는 과정에서 본인과 팀원의 창의적인 아이디어를 제시하는 경우 가산점 부여)

3. 우리 팀이 문제를 해결하기 위해 고안한 아이디어나 해결책을 자신의 지역이나 해당 국가에 파급시킬 방법이나 방안을 찾아보자.

고등 문제: 불평등 완화 '우리 주변에서 찾은 불평등 감소'

사전 지식   많은 정치가나 경제학자들 그리고 이상주의자들은 평등한 세상을 꿈꾸었지만, 세상은 단 한 번도 평등했던 적이 없다. 오히려 21세기 들어 불평등은 더 심해지고 있다고 한다.

국제사회는 이러한 불평등을 완화하기 위해 노력하고 있고, 특히 빈곤퇴치 과정에서 상당한 성과를 거두었다. 하지만 여전히 우리 주변에는 인종, 보건, 교육, 경제 부문에서 불평등은 계속되고 있다.

과연 우리 주변이나 지역에서 찾을 수 있는 불평등의 문제점이 무엇이며, 이 문제를 어떻게 해결해야 할 것인가?

문제   1. 우리 주변이나 지역에서 찾은 불평등의 문제점을 조사해 보자.

2. 조사한 문제점 중 일부분의 문제점을 해결하거나 개선할 수 있는 구체적인 방법이나 아이디어를 찾아보자.(해결하는 과정에서 본인과 팀원의 창의적인 아이디어를 제시하는 경우 가산점 부여)

3. 우리 팀이 문제를 해결하기 위해 고안한 아이디어나 해결책을 자신의 지역이나 해당 국가에 파급시킬 방법이나 방안을 찾아보자.

문제의 배경 **'지속 가능한 발전 – 미래를 준비하며 현재를 발전시키자!'**

지속 가능한 발전은 미래 세대가 그들의 필요를 충족할 수 있는 능력을 저해하지 않으면서 현재 세대의 필요를 충족하는 발전을 말한다.

지속 가능한 발전을 실현하기 위해서는 생존에 필요한 깨끗한 환경을 유지하고, 지속 가능한 생산 방법을 통해 경제 발전을 이루어야 한다. 또 평화와 인권, 자유, 평등을 보장하고, 정의롭고 민주적인 사회를 실현해야 한다. 이러한 점에서 지속 가능한 발전을 위해서는 지구가 수용할 수 있는 범위 내에서 인구 증가와 경제 성장이 이루어져야 하고, 자원을 효율적으로 사용하고, 환경오염을 방지할 수 있도록 대체에너지와 신재생 에너지를 적극적으로 활용해야 한다.

그런 점에서 현재 과학기술이 어디까지 와 있고, 이것이 인류의 삶과 사회를 어떻게 변화시킬 것인가? 그리고 기술 발달로 인해 어떤 문제점이 생길지를 생각해 보자.

초등 문제: 환경친화적 도시eco-city를 만들자!

사전 지식 도시화가 환경에 나쁜 영향을 준다는 우려가 커지면서 '환경친화적 도시eco-city' 개발에 관한 관심이 높아지고 있다. '환경친화적 도시'란 도시 개발에 대한 접근 방법을 달리하여 통합적인 환경 정책의 일환으로 새로운 규제를 도입해 건물의 복원과 신축을 제한하는 것 등을 말한다.

독일의 한 지방정부는 '저에너지' 건물에 대해서만 건축을 승인하고 있으며, 서울시에서는 고가도로를 차량 길에서 사람 길로 재생하여 공원으로 만들었다.

이와 같이 '환경친화적 도시'는 환경 보호, 산업 생태 및 사회 회복을 위한 통합적이고 체계적인 접근이 필요하다. 이러한 환경친화적 도시를 만들 때는 긍정적 측면도 있겠지만 이로 인한 여러 문제점도 발생할 것이다.

과연 '환경친화적 도시'를 건설할 때의 문제점이 무엇이며, 이 문제를 어떻게 해결해야 할 것인가?

문제

1. '환경친화적 도시' 건설로 인한 지역적, 사회적 문제점을 조사해 보자.

2. 조사한 문제점 중 일부분의 문제점을 해결하거나 개선할 수 있는 구체적인 방법이나 아이디어를 찾아보자.(해결하는 과정에서 본인과 팀원의 창의적인 발명 아이디어를 제시하는 경우 가산점 부여)

3. 우리 팀이 문제를 해결하기 위해 고안한 아이디어나 해결책을 자신의 지역이나 해당 국가에 파급시킬 방법이나 방안을 찾아보자.

중등 문제: 원조, 금전상의 지원이 최선일까?

사전 지식 2015년 노벨경제학상을 받은 앵거스 디턴 교수는 "단순히 금전이나 물자, 서비스 등 원조를 늘리는 것만으로 더 바람직한 결과를 얻을 수 있다는 원조 형식은 빈곤국 현실을 간과하고 있다"라고 지적했다. 디턴 교수는 "단순히 금전이나 물자를 늘리는 정책은 오히려 빈곤국의 성장 가능성을 낮출 수 있다"라며 "예를 들면 빈곤국이 지나치게 의료서비스 원조에 의존할 때 스스로 의사나 간호사를 키우려는 자생력을 잃을 수도 있고, 국제기구에서 식량이나 의약품 지원을 받아 예산을 절감했다 하더라도 이 부분을 경제 성장 대신 군비를 확충하는 데 쓰는 일도 있다"라고 밝혔다. 그렇다면 개발도상국이나 빈곤국의 자생력을 키울 방법은 무엇이며, 어떤 원조가 실제 그 나라 국민에게 혜택이 돌아가게 할 수 있을 것인가? 또한 우리나라에서 이러한 나라들을 위한 지원에는 어떤 방법이 있을까 생각해 보자! 현재 원조 방법의 문제점이 무엇이며, 이 문제를 어떻게 해결해야 할 것인가?

문제 1. 현 원조 방법에 따른 지역적, 사회적, 국가적 문제점을 조사해 보자.

2. 조사한 문제점 중 일부분의 문제점을 우리나라의 입장에서 해결하거나 개선할 수 있는 구체적인 방법이나 아이디어를 찾아보자.(해결하는 과정에서 본인과 팀원의 창의적인 발명 아이디

어를 제시하는 경우 가산점 부여)

3. 우리 팀이 문제를 해결하기 위해 고안한 아이디어나 해결책을 자기 지역의 장점을 가지고 해당 국가에 파급시킬 방법이나 방안을 찾아보자.

고등 문제: 정보통신 기술이 바꿀 수 있는 미래를 예측해 보자!

사전 지식 1997년부터 10년간 인도의 한 지역 어부들은 가격 협상에 점점 휴대전화를 이용하기 시작했고, 이는 소비자 가격을 안정시키는 데 도움을 주었다. 같은 기간에 가격변동 측정 지표는 79%까지 떨어졌다. 이와 같이 정보통신 기술ICT은 정보의 수집, 저장, 가공, 전송 등을 쉽게 하는 일련의 활동을 말한다. 적절한 정보통신 기술에 대한 접근이 이루어지지 않으면, 이는 개인과 국가 간의 빈부격차를 심화할 수 있다. 이러한 정보통신 기술은 정보, 교육, 보건, 금융서비스에 대한 접근성을 향상하고 있다. 예를 들어 한국의 경우 위험 사항을 전 국민에게 휴대전화를 통해 공지하는 등 안전 생활에 도움을 주고 있다. 과연 가난한 지역과 국가에서는 정보통신 기술을 이용해 어떻게 미래를 바꿀 수 있을까?

문제 1. 정보통신 기술에 대한 접근성이 떨어질 때 문제점을 조사해보자.

2. 조사한 문제점 중 일부분의 문제점을 해결하거나 개선할 수

있는 구체적인 방법이나 아이디어를 찾아보자.

3. 우리 팀이 문제를 해결하기 위해 고안한 아이디어나 해결책을 자신의 지역이나 해당 국가에 파급시킬 방법이나 방안을 찾아보자.

2021년 지정 과제

문제의 배경 'The future we create'

세계 각 나라는 성장 위주의 정책을 펴온 결과 국민의 생활 수준은 나아졌다고 할 수 있으나, 그 부작용에 따른 사회의 문제점 또한 많이 발생하고 있다. 그중에서 동전의 양면과 같다고 할 수 있는 빈부격차의 심화로 인한 소외계층이 발생한다.

소외계층은 사회적, 경제적, 신체적으로 다른 계층에 비해 상대적으로 사회 참여의 기회가 제한되고 있다. 또한, 국가나 지원 단체의 지원 없이는 한 사회의 구성원으로서 평등한 혜택을 제공받을 기회로부터 배제되기 쉽다. 다행인 것은 소외계층에 대한 사람들의 인식이 변화하고, 기부와 나눔이라는 따뜻한 문화가 널리 퍼지면서 세계인들도 이제 소외계층을 대상으로 관심과 기부를 하고 있다는 점이다.

우리도 모든 사람의 삶의 질이 높아질 수 있도록 고령층(노인), 빈곤에 시달리는 사람, 장애인에 대해 도움이 될 수 있는 아이디어를 산출하여 미래를 대비하도록 하자!

초등 문제: 장애인 삶의 질 개선

사전 지식 장애인은 신체의 일부에 장애가 있거나 정신 능력이 원활하지 못해 일상생활이나 사회생활에서 어려움이 있는 사람을 의미한다. 태어날 때부터 장애를 가지고 있는 선천적 장애인이 있고, 사고 등으로 나중에 장애를 갖는 후천적 장애인도 있다. 장애가 없는 사람도 언제든지 사고로 인해 장애인이 될 수 있는 '비장애인'일 뿐이다.

우리 주변의 장애인이 겪는 불편한 점을 개선할 방안을 찾아보자. 즉, 장애인이 어떤 불편을 겪는지 조사해 보고 장애인이 겪는 불편한 점을 개선할 방법이나 새로운 발명 아이디어를 제시해 보자.

문제 1. 우리 주변의 장애인이 겪는 불편한 점이나 문제점을 찾아보자.

2. 우리 주변에 살고 있는 장애인들을 만나 불편한 점이나 문제점을 찾아보고 인터뷰를 해보자. 그리고 장애인들이 불편하다고 생각하는 문제를 해결하거나 개선할 수 있는 구체적인 방법이나 아이디어를 찾아보자. (해결하는 과정에서 본인과 팀원의 창의적인 발명 아이디어를 제시하는 경우 가산점 부여)

3. 우리 팀이 문제를 해결하기 위해 고안한 아이디어나 해결책을 자신의 나라에 파급시킬 방법이나 방안을 찾아보자.

중등 문제: 고령층(노인)에 대한 삶의 질 개선

사전 지식   각 나라는 농업사회에서 산업사회로 전환되면서 인구의 고령
화 사회에 진입하고 있다. 의학의 발달로 인한 평균 수명의 연
장과 사망률의 감소에 따라 각 나라는 미리 대비하지 못하고
고령화 사회를 맞이하고 있고, 앞으로도 상당 기간 노인의 평
균 수명이 가파르게 상승하리라 예측된다. 대가족제도의 붕괴,
가치관의 변화, 농업 중심 사회에서 상공업 중심의 사회로의
전환은 특히 고령의 노인에게 주체적이고 독립적인 지위를 상
실하게 하여 노인 빈곤 등 다양한 문제점을 노출하고 있다.

고령화 사회에서 노인에게 생길 수 있는 문제점은 무엇일까?
그 문제점 중 우리의 아이디어에 의해 개선할 점은 무엇이 있
을까?

문제   1. 사회가 고령화되면서 생길 수 있는 노인의 문제를 조사해 보자.

2. 우리 지역 노인의 문제점을 찾아보고 인터뷰를 진행해 보자.
그리고 노인의 문제를 해결하거나 개선할 수 있는 구체적인
방법을 찾아보자.

3. 우리 팀이 문제를 해결하기 위해 고안한 아이디어나 해결책
을 자신의 나라에 파급시킬 방법이나 방안을 찾아보자.

고등 문제: 학생들의 행동을 바꾸는 발명으로 미래를 바꿀 수 있는가?

사전 지식   2017년 노벨경제학상 수상자로 리처드 세일러 시카고대학교

교수가 선정되었습니다.

책을 통해 이미 잘 알려진 '넛지Nudge' 이론으로 노벨상을 받았는데요. 넛지란 말은 이른바 '팔꿈치로 옆구리를 쿡 찔러 자극을 줌으로써 행동을 유도하는 전략', '주의를 환기시키다'라는 의미입니다.

이 연구를 기반으로 넛지를 '타인의 선택을 유도하는 부드러운 개입'이라는 뜻으로 사용했습니다. 더 나은 선택을 유도하지만, 비강제적으로 접근해 선택의 자유를 침해하지 않는 기법을 뜻합니다.

넛지 이론은 '인간의 선택을 유도한다'라는 것을 목적으로 하기에 주로 캠페인이나 공익적인 성격의 정책 홍보 분야에 많이 쓰이고 있습니다. 가장 대표적인 예는 화장실 남성용 소변기에 파리를 그려 소변을 볼 때 소변기 주변을 깨끗하게 사용할 수 있는 아이디어가 좋은 아이디어로 평가를 받았습니다. 재밌는 발상이지만 실제로 화장실 청결 유지에 도움이 되는 정책이었습니다.

문제 1. 우리 주변에서 사람들의 행동을 바꿀 필요가 있거나, 모든 사람이 행복해질 수 있는 문제점을 조사해 보자.

2. 조사한 문제점 중 넛지를 이용하여 일부분의 문제점을 해결하거나 개선할 수 있는 구체적인 방법이나 아이디어를 찾아 보자.(해결하는 과정에서 본인과 팀원의 창의적인 발명 아이디어를

제시하는 경우 가산점 부여)

3. '넛지'를 이용하여 우리 팀이 문제를 해결하기 위해 고안한
   아이디어나 해결책을 자신의 지역이나 해당 국가에 파급시
   킬 방법이나 방안을 찾아보자.

기존 지정 문제들을 잘 읽어보면 다양한 문제 해결 사례들이 떠오를
것입니다. 이러한 과정을 통해 매년 바뀌는 문제들에 대해서도 새로운 아
이디어가 생길 수 있습니다. 여러분, 이런 문제를 해결하기 위해서는 기본
적으로 독서를 하고 세계에서 일어나는 다양한 사건에 관심을 갖는 것이
중요합니다. 또한, 신문과 뉴스를 자주 접하는 습관도 필요합니다.

대회를 준비하는 학생들의 모습. 자신의 문제 해결
사례를 팸플릿 등으로 제작해 다른 나라 친구들과
심사위원들에게 나누어 주는 경우도 있다.

지정 과제 준비 및 전시 내용. 다양한 사진 자료를
전시해 문제 해결 사례를 보여준다.

선생님,
세계청소년올림피아드의
현장 과제 사례를 알려주세요!

현장 과제는 많은 연습을 통해 개선할 수 있습니다. 문제를 해결하는 과정에서 왜 이러한 방식을 선택했는지 깊이 생각해 보고, 더 나은 아이디어를 찾는 시간도 매우 중요합니다. 전 세계 학생들이 도전한 다양한 현장 과제를 살펴보며, 여러분도 창의력과 문제 해결 능력을 키워보세요!

세계청소년올림피아드 현장 과제 사례

1. 과제

각 팀은 주어진 재료로 구조물을 만들어 높이가 21cm(A4용지 짧은 변 길이) 이상 되는 곳에 가능한 한 많은 탁구공을 올려놓을 수 있는 구조물을 만들 어야 한다.

단, 탑은 아래의 요구사항을 만족해야 한다.

2. 요구사항

① 구조물에서 탁구공을 놓는 위치는 반드시 바닥으로부터 높이가 21cm(A4 용지의 짧은 변 길이)를 넘어야 한다.

② 구조물은 바닥에 세울 수 있어야 하며, 접착테이프로 바닥에 고정 할 수 없다.

③ 탁구공은 변형할 수 없다.

3. 구조물의 측정 방법

① 탁구공은 한 번에 하나씩 올려놓는다.

② 공을 올려 무게를 측정할 때 구조물을 손으로 잡아서는 안 된다.

③ 탁구공을 올리는 측정 시간은 2분을 넘길 수 없으며, 시작 후 2분 이 지나면 측정이 끝난 것으로 간주한다.

④ 탁구공은 바닥으로부터 21cm 이상의 높이에만 놓여야 한다.

⑤ 구조물을 만들고 첫 번째 공을 올린 후 바닥으로부터 21cm 높이를 측정해 적격 여부를 판단한다. 단, 공을 올리는 도중 구조물에 4cm 이상의 처짐이 발생하면, 그때까지 올려놓은 탁구공 개수만 인정한다.

⑥ 탁구공이 무게 측정의 점수에 포함되려면 최소 3초간 구조물에 의해 지탱되어야 한다.

⑦ 측정 종료 후 공과 바닥은 원래 상태로 정리한다.

4. 재료

번호	재료	규격	수량	비고
1	스파게티 면	길이 약 25cm	30개	
2	접착테이프	100cm	1개	
3	종이	A4	1장	
4	탁구공	ϕ 39.5	70개	측정용 공

5. 시간

활동 내용	시간
문제 및 재료 확인	2분
구상 및 구조물 제작	11분
무게 측정 및 뒷정리	2분

6. 평가 요소 및 배점

평가 요소	평가 항목	배점	총점
문제 해결	탁구공을 올린 개수	1개당 1점	70점
창의성	탑 구조의 창의성	1~10점	20점
	재료 사용의 창의성	1~10점	
협동성	문제 해결 과정 전반에서의 협동적 태도	1~10점	10점
총점			100점

7. 문제 해결 과정

학생들의 문제 해결 과정을 미리 경험해 봅시다.

심사위원들이 지급한 재료와 설명서를 보고 문제를 해결한다.

문제를 해결하기 전에 반드시 어떻게 만들지 서로 의견을 교환한다. 이때 각자 의견을 존중하며 대화를 이어가는 것이 매우 중요하다. 또한, 주어진 시간 안에 어떻게 만들지 구체적으로 의논한다.

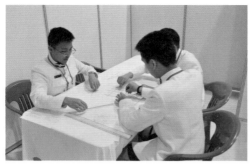

시간을 확인하면서 제작한다.

정확한 측정으로 점수를 얻을 수 있다.

8. 사례

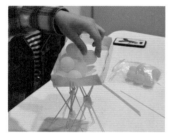

스파게티 면 다리를 기반으로
바구니를 만들어 탁구공을
안정적으로 담을 수 있게 만듦

스파게티 면으로 망을 만들어
탁구공을 놓을 수 있게 만듦

삼각형으로 만든 구조물 위에
바구니를 만들어 문제 해결

05

선생님, 현장 과제를 잘하는 방법을 알려주세요!

현장 과제를 잘하기 위한 핵심은 문제를 꼼꼼히 읽고 분석하는 것입니다. 문제를 읽을 때는 중요한 부분을 짚어가며 천천히 읽고, 이해가 필요한 부분은 반복해서 확인해 보세요. 문제를 정확히 이해한 후에는 팀원들과 의견을 나누고, 다른 친구들의 의견을 존중하면서 다양한 해결 방안을 함께 모색하는 것이 좋습니다.

역할 분담도 성공적인 문제 해결의 중요한 요소입니다. 각자의 역할을 명확히 하고, 과제의 성격에 따라 역할을 정해 각자 책임을 다해 제작에 임하세요.

팀원 모두 협동하여 세계청소년올림피아드 현장 과제를 해결하고 있다.

　　작업을 진행할 때는 서로 도와주며 필요한 조언을 나누고, 도움을 주고받으면서 함께 완성해 나가는 자세가 중요합니다.

Chapter 5.

창의적인
문제 해결에
도전하자!

선생님, 창의력 대회를 체계적으로 준비하는 방법을 알려주세요!

창의력 대회를 준비하는 학생들에게 가장 중요한 것은 체계적인 일정표 작성입니다. 일정표는 준비 과정 전체를 시각화해 주며, 효과적인 시간 관리로 더 나은 결과물을 만드는 데 도움을 줍니다. 또한, 창의력 대회에 대한 동기와 참여 의지를 높여줍니다.

대한민국학생창의력올림피아드DI를 기반으로 작성된 학생들의 사례를 살펴보겠습니다.

창의력 대회 D-50 계획표

날짜	단계	내용	
D-50	예선 준비	요강 파악 및 예선 서류 준비와 접수	1) 참가 자격 확인 및 팀 구성 2) 요강 파악(대회 과제 선정)
		구조물 과제 선택 시	1) 요강 분석 2) 발사 목재 이해 3) 만들기
D-40	사전 자원 파악	대회 준비 시작	1) 공지사항 확인 2) 대회 파악 및 일정 논의 3) 대회 비용 확인 4) 요강 숙제 및 역할 분배 5) 공연을 위한 아이디어 회의 시작
D-30	기본 수업	구조물 기본 과제	
		스타일 과제	
		자발성 과제	
D-20	심화 연구	구조물 기본 과제	
		공연 대본의 필수 요소 검토 및 발전	
D-16	숙련 단계	주제에 따른 구조물 제작	1) 주제 확인 2) 효율적인 설계 3) 요강에 맞는 구조물을 창의적으로 제작 4) 효율 기록 및 비교 5) 공연 준비
D-7	총연습	구조물 기본 과제 총연습	
		스타일 과제 총연습	
		자발성 과제 총연습	
		대회 서류 작성	1) 필수 서류 목록 2) 주의사항
		숙소 확인 및 이동 준비	
D-1	최종 리허설 및 짐 꾸리기	최종 리허설	1) 최종 리허설 목적 2) 최종 리허설 방식 3) 주의사항
		최종 리허설 후 최종 점검	1) 공연 시간 및 동선 확인 2) 서류 준비 3) 준비물 확인 4) 짐 싣기 5) 기타 준비

D-50 예선 준비	예선 준비	요강 파악 및 예선 서류 준비와 접수	1) 참가 자격 확인 및 팀 구성
			2) 요강 파악(대회 과제 선정)
		구조물 과제 선택 시	1) 요강 분석
			2) 발사 목재 이해
			3) 만들기

● 요강 파악 및 예선 서류 준비와 접수

1) 참가 자격 확인 및 팀 구성

대한민국학생창의력올림피아드 팀 구성 인원은 보통 5명에서 7명으로 제한됩니다. 대회 참가 팀들은 대개 최대 인원인 7명으로 구성됩니다. 구조물 도전과제를 선택한다 하였을 때 역할 수행에 가장 효율적인 역할 분배는 구조물 담당 3명, 공연 담당 4명입니다.

팀원을 구성할 때는 팀원들의 특성과 장점을 미리 파악하는 것이 중요합니다. 미술, 음악, 컴퓨터, 글쓰기, 기술, 공학 등 다양한 특기를 가진 학생들이 함께 팀을 꾸려 도전하는 것이 바람직합니다. 창의력 대회는 특정 분야에 치우친 능력이 아니라 다양한 개성과 능력을 요구하기 때문입니다.

따라서, 팀을 꾸릴 때도 예술적인 감각이 필요한 무대 의상이나 창의적이고 인내심이 요구되는 구조물 제작 등 각 분야에 적합한 자질을 가진 학생을 선택하는 것이 좋습니다. 그러나 능력보다도 중요한 것은 자발적인 참여 의지와 도전 정신입니다. 아무리 뛰어난 능력을 갖춘 학생이라도 대회에 대한 열정이 없다면, 대회 준비 과정에서 많은 어려움이 발생할 수 있기 때문입니다.

2) 요강 파악(대회 과제 선정)

도전과제를 선정할 때는 유리한 주제를 고려하는 것이 중요합니다. 특히 자료가 풍부한 분야를 선택하는 것이 좋습니다. 자료를 바탕으로 준비할 수 있기 때문입니다.

대회 준비에 앞서 가장 중요한 것은 요강을 정확히 파악하는 것입니다. 대회 규정을 잘 알지 못해 대회 당일 곤란을 겪는 팀이 많다는 점을 대회를 경험하면서 실감했습니다. 예를 들어, 무게나 크기, 높이의 제한 등을 지키지 않아 실격하는 팀이 많습니다. 매년 구조물 과제에는 기본적인 규정이 있지만, 해마다 과제의 개성이 다르므로 이를 파악하고 해결 방안을 찾아야 좋은 결과를 얻을 수 있습니다.

● 구조물 과제 선택 시

1) 요강 분석

우선은 구조물 과제의 요강을 꼼꼼히 분석하고 파악해야 합니다. 요강에 따라 이번 과제에서 요구하는 구조물의 특성과 규격을 확인해야 합니다.

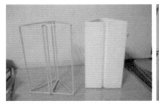

구조물 과제의 요강 분석 및 구조물의 모습을 모형으로 제작

2) 발사 목재 이해

대한민국학생창의력올림피아드에서는 재료가 다양하게 제공되므로 재료에 대한 이해가 필수입니다. 세계창의력올림피아드에서는 발사 목재의 규격이 정해져 있지만, 대한민국학생창의력올림피아드는 대회마다 목재 규정이 다를 수 있습니다. 이 규정에 맞추어 발사 목재를 선택하고, 기둥에 쓰이는 발사 목재와 트러스에 쓰이는 발사 목재 등을 각 팀의 전략에 맞게 결정해야 합니다.

3) 만들기

① 기둥 만들기

구조물을 만들 때 가장 먼저 기둥을 만듭니다. 기둥은 다른 요소들과 더불어 구조물의 안정성을 좌우하므로 기둥을 만드는 과정이 중요합니다.

② 트러스 만들기

다양한 형태의 트러스를 만들어 보고 여러 차례 실험을 통해 최적의 형태를 찾는 과정이 중요합니다. 트러스는 구조물의 무게 분배와 견고함에 영향을 주므로, 여러 방식으로 제작해 보고 실험을 거쳐 결정해야 합니다.

		1) 공지사항 확인
D-40 **사전 자원 파악** 사전 자원 파악	대회 준비 시작	2) 대회 파악 및 일정 논의
		3) 대회 비용 확인
		4) 요강 숙지 및 역할 분배
		5) 공연을 위한 아이디어 회의 시작

● 대회 준비 시작

1) 공지사항 확인

본선대회 팀이 발표되면 본격적으로 대회 준비가 시작됩니다. 대회 홈페이지에 자주 접속해 공지사항을 확인합니다.

2) 대회 파악 및 일정 논의

지도 선생님은 대회 전반을 소개하고 참고 자료를 제공해 학생들이 대회에 대한 이해를 높일 수 있도록 돕습니다.

　　모두 함께 앞으로의 일정을 논의합니다. 각 팀원의 상황을 고려해 일정을 구성하되, 모든 팀원은 팀이 우선임을 잊지 않고 매주 일요일에는 자발적인 과제 준비 활동을 진행합니다.

3) 대회 비용 확인

대회 비용을 확인하고, 대회 당일 제출하는 비용 보고서에 첨부할 영수증을 미리 준비합니다.

4) 요강 숙지 및 역할 분배

요강을 철저히 숙지한 후 각자 역할을 나눕니다. 요강은 여러 번 읽고 숙지해야 합니다. 읽어보다가 궁금한 점이 생기면 지도 선생님이나 주최 측에 반드시 확인해 보세요. 가능하다면 영문 요강도 참고하는 게 좋습니다.

구조물 담당 팀은 필요한 재료(발사 목재, 접착제, 문구류 등)를 구매하고 창고에서 각종 기계 및 도구(전기사포, 발사 커팅기, 전자저울, 선반 기계, 바벨 세트 등)를 준비합니다.

발사 목재 구매는 발사나무의 특징과 선택 방법에 대한 설명을 참고하여 한가람 문구나 온라인 사이트에서 구매할 수 있습니다. 구조물 담당자들은 발사나무의 특성과 각 매장의 나무 종류, 가격 등을 비교해 최적의 발사 목재를 선택합니다.

시중에 판매하는 다양한 발사 목재

기계를 사용하기에 앞서 지도 선생님께 정확한 용도와 주의사항을 철저히 교육받습니다. 이때 안전 교육이 매우 중요합니다. 선생님이 안전 교육을 진행할 때는 귀 기울여 듣고, 위험한 기계는 반드시 선생님과 함께 다루도록 합니다.

5) 공연을 위한 아이디어 회의 시작

공연을 담당한 팀은 요강에 맞춰 대본을 작성하기 위한 아이디어 회의를 시작하며, 무대와 의상에 사용할 재활용품 등을 미리 구해둡니다. 창의력 대회이므로 기성 제품보다는 독창적이고 창의적인 아이디어를 표현하는 것이 중요하며, 예산이 정해져 있어서 주변 재활용품을 활용해 자신들만의 색깔로 만드는 과정도 흥미로운 경험이 될 수 있습니다.

D-30 기본 수업	기본 수업	구조물 기본 과제	
		스타일 과제	1) 역할 분담
			2) 재활용품 활용
			3) 의상 제작
			4) 무대 제작
			5) 세계 대회 대비
		자발성 과제	

● 구조물 기본 과제

구조물 기본 과제 수업에서는 구조물 기초 이론과 발사 목재를 활용한 제작 방법에 대해 자료를 나눠주고, 설명–시범–실습–질문 및 보완 순서로 진행합니다.

기둥 구조와 트러스 형태, 재질별 차이 등을 이해하고 적절한 접착제 사용법을 실습합니다. 매일 최소 1개 이상의 구조물을 제작하고, 완성된 구조물을 파괴하며 강도와 안정성을 평가해 개선점을 도출합니다.

● 스타일 과제

1) 역할 분담

각 팀원의 역할을 명확하게 분담하여 작업의 효율성을 높입니다.

2) 재활용품 활용

수집한 재활용품의 가치와 용도를 평가하여 창의적으로 재활용할 수 있도록 계획합니다.

3)의상 제작

재활용품을 적극적으로 활용하여 창의적이고 독창적인 의상을 디자인합니다.

4)무대 제작

이동성과 보관 용이성을 고려해 무대를 설계합니다. 대회 전날 소품과 무대 장치를 포장하여 트럭, 봉고차, 또는 버스 짐칸에 실을 수 있도록 준비합니다. 무대의 크기가 너무 크거나 바람에 날릴 수 있는 경우, 또는 파손 위험이 있는 경우 어떤 이동 수단이 적합할지 미리 검토합니다.

5)세계 대회 대비

만약 미국에서 열리는 세계 대회에 참가할 경우, 현지의 무대 크기 및 무게 제한 사항을 사전에 확인해야 합니다.

> 빨간 래커를 비닐에 뿌려 무대를 꾸민 팀이 있었는데, 목적지에 도착하자 래커가 벗겨져 흰 비닐만 남아 당황해 하는 경우를 본 적이 있습니다. 만일 무대를 잘 포장하거나 지붕이 있는 차량을 준비했다면 문제가 생기지 않았을 것입니다. 예상치 못한 상황에 대비해 다양한 경우를 고려하여 준비하는 것이 중요합니다.

● 자발성 과제

매일 한 문제씩 도전합니다.

● **구조물 기본 과제**

구조물이 정밀하게 설계되고 고급 목재를 사용하며 완벽한 수평이 확보되었다 해도, 바벨을 쌓는 연습이 부족하다면 높은 효율을 기대하기 어렵습니다. 구조물 과제에서 바벨을 안정적으로 쌓는 기술은 과제 성공의 절반 이상을 차지할 정도로 중요한 요소입니다. 튼튼하고 안정적인 구조물을 찾는 과정도 필수적이지만, 바벨 쌓기를 꾸준히 연습하지 않으면 대회 직전 목표 중량인 200kg조차 쌓지 못하고 구조물이 무너지는 상황이 발생할 수 있습니다. 따라서 충분한 사전 연습이 반드시 필요합니다.

우리 팀은 오랜 시간 꾸준한 연습을 통해 정밀한 바벨 쌓기 기술을 익혔습니다. 그 과정에서 몇 가지 유용한 팁을 발견했습니다. 먼저, 체격이 비슷한 팀원 2명이 바벨을 쌓고, 다른 1명은 바벨을 옮기며 구조물의 안정성을 점검하는 방식이 효과적이었습니다. 이때, 바벨을 옮기는 팀원은 구조물에 가해지는 하중의 방향과 균형 상태를 세심히 살피고, 이를 쌓는 팀원들에게 실시간으로 전달해야 합니다. 쌓는 두 팀원은 정확한 타이밍을 맞추기 위해 반복적인 연습을 진행해야 하며, 서로 시범을 보여주는 과정을 통해 팀 전체의 이해를 높이는 것도 중요합니다.

● 공연 대본의 필수 요소 검토 및 발전

공연 대본이 어느 정도 완성되면, 주제에서 요구하는 창의적 필수 요소가 충분히 반영되었는지 확인하고, 이를 더욱 발전시키는 작업이 필요합니다. 이 시점에서 공연 대본은 대부분 마무리 단계에 이르렀지만, 세부적인 수정 작업은 계속 진행될 수 있습니다.

심사위원들이 중점적으로 평가하는 요소를 철저히 반영하는 것이 중요합니다. 예를 들어, 대한민국학생창의력올림피아드에서 CAPTIVATOR라는 인물을 반드시 포함해야 한다는 규정이 있었습니다. CAPTIVATOR는 특정 물건을 누군가로부터 받아 또 다른 곳으로 전달하는 임무를 수행해야 했습니다. 처음에는 이러한 규정이 다소 혼란스럽게 느껴졌지만, 우리는 '지구 보호'라는 주제에 맞춰 환경을 지키는 구슬을 주요 아이템으로 설정했습니다. 이를 중심으로 공연의 줄거리를 구성하며, CAPTIVATOR가 구슬을 전달하는 역할을 통해 공연의 핵심 메시지를 자연스럽게 표현할 수 있도록 발전시켰습니다.

		1) 주제 확인
숙련 단계	주제에 따른 구조물 제작	2) 효율적인 설계
		3) 요강에 맞는 구조물을 창의 적으로 제작
		4) 효율 기록 및 비교
		5) 공연 준비

D-16

숙련 단계

● 주제에 따른 구조물 제작

1) 주제 확인

구조물에 대한 기본적인 개념과 제작 방법을 숙지했다면, 이제는 그 해 주제에 맞는 구조물을 제작해야 합니다. 세부적인 기술과 제작 노하우도 알고 있어야 합니다.

　이번 주제는 'We Make the Call' 함수 주제로, 무게 제한이 18g인 구조물에서 9g일 경우 쌓은 하중의 2배, 12g일 경우 1.5배, 15g일 경우 쌓은 하중 그대로 점수를 산정해 순위를 매기는 것이 핵심입니다. 이는 단순히 무겁게 만들어 많이 쌓는 것보다, 효율적인 구조물을 설계해야 한다는 의미입니다.

2) 효율적인 설계

구조물의 기둥은 가볍고 힘을 잘 분산하는 재질로 선택하고, 최소한의 재료로도 효과적으로 힘을 전달할 수 있는 트러스 구조를 알아야 합니다.

이 시기에는 다양한 시도를 해보는 것이 중요합니다. 안전한 방법만 고수하는 것이 아니라, 때로는 창의적이고 도전적인 방법도 실험해 볼 필요가 있습니다.

3) 요강에 맞는 구조물을 창의적으로 제작

과제 요강에 따라 설계한 구조물들을 정교하게 제작하기 위해 틀이 필요합니다. 무작정 제작했을 때와는 달리, 목재 틀이나 플라스틱 틀을 사용해 정교하게 제작할 경우 실험 결과가 크게 달라질 수 있습니다. 틀 제작은 창의력을 발휘할 좋은 기회이기도 합니다. 예를 들어, 어떤 방식으로 틀을 제작해야 구조물을 쉽게 만들 수 있을지, 틀과 구조물이 붙어버리는 사고를 방지할 수 있을지 고민하며 디자인 감각도 살펴볼 수 있습니다.

또한 구조물을 정교하게 만드는 것에만 치중하기보다 창의적인 제작 방식에 집중해야 합니다. 몇몇 학생은 구조물을 예술작품처럼 미적 감각을 살려 완성하기도 하고, 또 다른 학생들은 구조공학에 대한 깊은 지식 없이도 제한된 무게에서 효과적으로 힘을 전달하는 방식을 꿰뚫는 직관을 보여줍니다. 특히 기둥과 트러스의 무게 비율, 접착제 사용, 수평 유지, 접착 방법 등을 파악하는 능력이 뛰어난 학생들이 있습니다.

4) 효율 기록 및 비교

조건에 맞게 2~3가지 구조물을 제작한 후, 각 구조물에 대해 파괴 실험을 진행하고 효율을 기록하며 비교합니다. 파괴 실험 기계를 사용해 가장 높은 효율을 보이는 구조물 유형을 집중적으로 제작하고, 만일의 상황에 대비해 다른 구조물 유형도 추가로 준비합니다.

5) 공연 준비

의상은 각 역할과 대본을 효과적으로 표현하도록 디자인하며, 창의성과 독창성을 충분히 살릴 수 있는 방향으로 구성합니다. 무대는 구조와 모양을 신중히 구상하고, 장면 전환 시 효과적인 동선을 고려하여 구상합니다.

　공연에서 중요한 평가 요소는 필수 요소 충족 여부와 무대, 의상, 소품의 창의성입니다. 이 중에서도 무대, 의상, 소품은 공연의 핵심 요소로 창의력이 돋보이는 부분입니다. 창의성을 한눈에 보일 방법은 독특한 소재를 활용하는 것입니다. 스펀지, 수세미, 선물 포장용 보자기, 스티로폼, 목장갑 등 주위의 다양한 소재들이 참신한 무대 장치로 변신할 수 있습니다. 이러한 사물이나 물건을 볼 때 그냥 지나치지 말고, 공연의 어느 부분에 활용할 수 있을지 생각해 보는 습관을 지니라고 조언합니다.

<table>
<tr><td rowspan="6">D-7
총연습</td><td colspan="2">구조물 기본 과제 총연습</td></tr>
<tr><td colspan="2">스타일 과제 총연습</td></tr>
<tr><td colspan="2">자발성 과제 총연습</td></tr>
<tr><td rowspan="2">대회 서류 작성</td><td>1) 필수 서류 목록</td></tr>
<tr><td>2) 주의사항</td></tr>
<tr><td colspan="2">숙소 확인 및 이동 준비</td></tr>
</table>

● 구조물 기본 과제 총연습

요강을 재확인하고, 제한사항 및 규칙을 점검합니다. 설명이 모호한 부분은 영어 요강까지 꼼꼼히 확인하며 총연습을 진행합니다. 구조물 과제와 공연을 함께 연습하며 시간 측정을 병행합니다.

> **체크 리스트**
> ☐ 무게 제한(대회마다 다름)
> ☐ 높이(20.3cm 이상)
> ☐ 폭(5cm 봉에 들어갈 수 있는 넓이)

　대회 당일까지 매일 몇 개의 구조물을 만들고 몇 번 바벨을 쌓을 것인지 계획을 세웁니다. 구조물 제작에는 디자인에 따라 약 3시간이 소요되며, 대회 당일에는 사전에 제작한 구조물 3개를 준비해야 합니다.

매일 제작과 실험을 반복하다 보면 대회 전날 밤을 새우는 일도 생깁니다. 이는 학생들의 컨디션 저하를 초래할 수 있으므로 반드시 미리 준비하고 대회에는 좋은 컨디션으로 참가할 수 있도록 합니다.

● 스타일 과제 총연습

"스타트" 신호와 동시에 공연을 시작하며, 무대 이동, 동선 연습, 구조물 쌓기를 모두 8분 이내에 완료해야 합니다. 구조물이 무너지더라도 공연은 계획대로 끝까지 진행합니다.

요강을 기준으로 점수를 재검토하고, 마이너스 요인이 될 수 있는 부분을 수정합니다.

● 자발성 과제 총연습

마지막까지 틈틈이 자발성 과제를 연습합니다.

● 대회 서류 작성

1) 필수 서류 목록

① 참가신청서 1부 ② 참가동의서 1부(학교별 각 1부)

③ 지도동의서 1부 ④ 도전과제 해결 설명서 4부

⑤ 스타일 과제 설명서 4부

⑥ 외부 지원에 관한 서약서 1부(팀원이 직접 서명)

⑦ 물품 비용 보고서 1부(원본 영수증 첨부)

※ 비용 제한 준수 필수

2) 주의사항

모든 서식은 주최 측에서 제공한 양식을 그대로 사용해야 합니다.

● 숙소 확인 및 이동 준비

부피가 크거나 짐이 많아 버스 아래 짐칸이 부족한 경우, 트럭이나 스타렉스 같은 승합차를 추가로 준비합니다. 한 학교에서 2~3팀이 함께 참가하는 경우, 차량을 같이 써서 비용 부담을 줄일 수 있습니다.

			1) 최종 리허설 목적
최종 리허설 및 짐 꾸리기		최종 리허설	2) 최종 리허설 방식
			3) 주의사항
		최종 리허설 후 최종 점검	1) 공연 시간 및 동선 확인
			2) 서류 준비
			3) 준비물 확인
			4) 짐 싣기
			5) 기타 준비

D-1

최종 리허설 및 짐 꾸리기

● 최종 리허설

1) 최종 리허설 목적

이제 모든 준비가 마무리 단계에 있습니다. 지금 가장 중요한 것은 전체 공연과 구조물 과제를 8분 이내에 큰 실수 없이 완료하는 것입니다. 시간 관리와 실수를 최소화하는 것은 창의력 대회의 핵심적인 성공 요소 중 하나입니다.

리허설을 통해 예상하지 못했던 문제점들을 발견하고 개선합니다. 예를 들어, 예상보다 시간이 오래 걸리는 부분, 어색한 동작, 대사의 전달력 부족 등은 모두 수정 대상입니다. 완벽한 준비 상태라고 생각되더라도 방심은 금물입니다.

2) 최종 리허설 방식

모든 무대를 넓은 공간으로 옮기고, 구조물 테스터도 옆에 배치하여 실제

대회와 동일한 환경에서 리허설을 진행합니다. 심사위원 역할을 맡은 사람이 책상에 앉아 심사하고, 인터뷰와 시간 측정을 실제 상황처럼 수행합니다.

3) 주의사항
실제 대회장에서는 예상치 못한 변수나 사고가 발생할 수 있습니다. 이를 대비해 대회 전날에는 모든 준비를 철저히 점검하고, 대회 당일에도 침착하게 대처할 마음가짐이 필요합니다.

● 최종 리허설 후 최종 점검

필수 준비물
□ 세탁소 비닐봉지
□ 드라이기(대형)
□ 연결 코드
□ 저울
□ 자
□ 접착제
□ 가위, 칼
□ 네임펜, 매직
□ 여분의 발사 목재
□ 사포
□ 바벨
□ 우유 박스(필요 시. 바벨 쌓기 연습용)

1) 공연 시간 및 동선 확인
최종 리허설 후 정해진 시간(8분) 내에 공연이 끝나는지 다시 확인합니다. 동선을 점검하며, 어색하거나 시간이 지체되는 부분이 있는지 재확인합니다.

2) 서류 준비
외부 지원 서약서에 모든 팀원의 서명을 완료했는지 확인합니다. 미리 찍어두지 못한 자료 사진이 있다면 확인하고 보충합니다.

3) 준비물 확인

구조물 담당자는 출발부터 대회장까지 구조물을 책임지고 관리합니다.

대회에 가져갈 구조물은 최소 24~48시간 전에 3개 정도 만들어 충분히 건조합니다.

구조물은 김치통처럼 안이 보이지 않는 통에 넣어 운반하며, 충격 흡수용 비닐로 감싸고 제습제를 함께 넣어둡니다.

대회장에서 무대를 보수해야 할 경우도 있으므로 이를 위한 준비물도 챙겨야 합니다.

각자 공연에서 맡은 역할의 의상과 소품은 스스로 챙기도록 합니다. 이름을 적은 쇼핑백에 담아 구분하면 좋습니다. 추가로 옷핀, 머리핀, 실, 바늘을 준비하면 좋고, 음향 장비를 사용하는 경우에는 음원과 스피커 상태를 확인해야 합니다.

4) 짐 싣기

버스나 트럭 기사님께 확인 전화를 합니다. 다음 날 아침 일찍 출발할 수 있도록 미리 짐을 버스나 트럭에 실어둡니다.

5) 기타 준비

공연 후 뒷정리는 필수입니다. 작은 빗자루와 쓰레받기도 챙기면 좋습니다.

크고 튼튼한 가방이나 상자에 음료 및 간식을 가져가면 유용합니다. 전기 주전자, 종이컵, 생수(3~4병), 인스턴트커피, 티백 차, 초콜릿, 사탕 등

구조물을 뽁뽁이에 포장하는 모습

을 준비합니다. 아침에 버스에서 먹을 김밥이나 간식도 준비합니다. 만일을 대비한 비상약과 현장을 찍을 카메라도 잊지 마세요!

각 팀은 경연 시간을 확인하고 다른 팀의 경연을 관람하며 응원합니다.

대회 전날 요강 확인 및 예상 질문 연습

대회 전날에는 요강을 다시 읽고, 심사위원이 할 만한 질문을 예상해 팀원끼리 묻고 답하며 연습합니다. 자발성 과제를 대비해서는 팀원 간 통일감을 주기 위해 단체 의상을 준비하거나, 과제 수행에 활용할 물품을 미리 준비합니다.

장기 자랑 준비

대회 둘째 날 심사 시간 동안 장기 자랑 프로그램이 진행됩니다. 무대에 나가고 싶다면 내용을 미리 준비해 오고, 필요한 의상과 음악도 직접 챙깁니다. 신청은 당일 현장에서 가능합니다.

대회 당일	대회 전	1) 짐 싣기 및 출발 2) 팀 일정 공지 및 간식 배분 3) 대회 접수 4) 대회 시간표 확인
	공연 준비 및 진행	1) 자발성 과제가 첫날일 때 2) 도전과제가 첫날일 때 3) 주의사항

● 대회 전

1) 짐 싣기 및 출발

오전 6시에 예약된 버스와 트럭에 모든 짐을 싣고 출발합니다.

2) 팀 일정 공지 및 간식 배분

미리 준비한 간식과 물을 팀원들에게 나누어 주고, 팀장이 앞으로의 일정과 주의사항을 간단히 전달합니다.

3) 대회 접수

오전 8~9시 사이 대회 접수가 시작됩니다. 도착 즉시 짐을 내리고, 팀장은 준비한 서류를 접수합니다.

4) 대회 시간표 확인

각 팀의 대회 시간표(도전과제, 자발성 과제)를 확인합니다.

● 공연 준비 및 진행

1) 자발성 과제가 첫날일 때

공연에 필요한 무대와 소품 등은 보관 장소에 잘 두고, 당일 자발성 과제 연습에 최선을 다합니다. 과제가 끝난 후에는 다른 팀의 공연을 관람하며 배울 점을 찾아봅니다.

2) 도전과제가 첫날일 때

연습하기 좋은 자리를 확보한 뒤 연습을 진행합니다. 구조물의 무게와 상태를 꼼꼼히 점검합니다.

공연 시작 30분 전에 심사위원이 구조물의 높이, 무게, 요강 준수 여부를 확인합니다. 심사를 통과하면 구조물을 맡기고, 대회가 끝날 때까지 손을 대지 못합니다. 만약 구조물을 수정해야 하면 20분의 수정 시간이 주어집니다.

3) 주의사항

① 공연 전 도움 금지

무대 소품이나 구조물 등 대회 관련 물건에는 학부모나 지도교사가 손을 대서는 안 됩니다. 이는 대회 규정 위반이며, 진행요원의 경고를 받을 수 있습니다.

② 공연 시간 변경

앞 팀의 불참으로 대회 시간이 앞당겨질 수 있습니다. 팀 준비가 완전하지 않을 경우, 원래 예정된 시간에 진행하겠다고 요청할 수 있습니다.

③ 자발성 과제 기밀 유지

자발성 과제를 마친 뒤, 문제 내용이나 정보를 다른 사람에게 이야기해서는 안 됩니다. 팀원끼리도 공개된 장소에서 문제를 논의하지 않도록 주의해야 합니다. 이를 어길 때 점수 감점이나 실격 처리가 될 수 있습니다.

여러분도 팀원이 모두 모여 일정별로 해야 할 일을 정리해 보세요. 일정표를 작성하고 체계적으로 준비해야 한다는 점을 숙지해야 합니다.

선생님, 창의력 대회에서 왜 재활용품을 이용하나요?

창의력 대회를 준비하며 첫 번째로 해야 하는 일은 주변의 폐자원을 정리해 모으는 것입니다. 그런 다음, 이 재료들을 어떻게 활용할지 깊이 고민하며 다양한 아이디어를 떠올립니다. 다양한 재료를 기존 쓰임과 다르게 창의적으로 활용한다면 심사위원에게 높은 점수를 받을 수 있습니다.

창의력 대회를 준비할 때면 마음이 설렙니다. 다른 팀이 창의적으로 해결한 다양한 문제를 볼 수 있기 때문입니다. 그러면 폐자원을 활용한 다양한 사례를 살펴볼까요?

음료수 뚜껑으로 장식한 자동차 사례

배경 준비를 위해 다양한 재활용품을 이용한 사례

　　창의력 대회의 자동차 도전과제에서는 과제 수행 능력뿐 아니라 재
활용품을 활용한 장식과 내용 구성도 중요한 평가 요소입니다. 이 때문에
다양한 폐자원을 창의적으로 활용하는 방안을 떠올리는 과정이 필요합니
다. 이를 통해 자동차의 디자인에 독창성과 개성을 더할 수 있으며, 동시에

환경 보호라는 주제를 더욱 효과적으로 표현할 수 있습니다.

　　다음은 신문지로 만든 무대 배경입니다. 이 무대 배경(왼쪽)을 뒤로 돌리면 아래와 같은 모습(오른쪽)이 나옵니다. 신문으로 이러한 무대 배경을 만들리라 상상도 못 했을 것입니다. 이 팀은 이 과제 해결로 매우 좋은 점수를 받았습니다.

신문지로 만든 무대 배경 사례 앞면　　신문지로 만든 무대 배경 사례 뒷면

　　이외에도 다양한 재료로 만든 무대 배경이 있습니다. 256쪽 사진의 모자이크처럼 보이는 무대 배경을 만든 재료는 무엇일까요? 바로, 달걀 껍데기로 만든 것입니다! 이처럼 다른 학생들이 사용한 다양한 배경과 소품을 보면서 우리는 많은 것을 배울 수 있습니다. 지도한 학생들의 독창적인 배경과 의상 소품을 살펴보며 새로운 아이디어를 찾아봅시다!

모자이크처럼 보이는 이 무대 배경을 만든 재료는 무엇일까요?

무대 배경을 만드는 데 사용한 달걀 껍데기

　　옆의 무대 배경은 '프랙털 이론'을 적용해 무당벌레 등껍질과 무대를
일체화하여 보호색 효과를 표현한 것입니다. 프랙털 이론이란, 작은 모양

무당벌레의 보호색 효과를 보여주기 위해 프랙털 이론을 적용해 만든 무대 배경

이 전체 모양과 비슷한 형태로 무한히 반복되는 구조를 의미합니다. 무대 배경에는 검정 바탕에 빨간 색지를 붙이고, 빨간 색지만 프랙털 구조로 잘라내어 마치 무당벌레에게 검정 점이 찍혀 있는 것처럼 보이도록 만들었습니다. 실제로 극 중 무당벌레가 등장할 때, 배경과 일체화된 장면을 연출하여 관객들이 동물의 보호색 효과를 자연스럽게 인지할 수 있도록 제작했습니다.

　또 다른 예시로 카드 나라의 무대 배경은 같은 도형을 반복해 제작한 것입니다. 수도관 동파 방지 보호관을 사용해 나무 모양을 만들고, 카드 나라의 분위기를 극대화하기 위해 실제 카드를 낚싯줄에 매달아 나뭇가지에 잎이 흔들리는 효과를 연출했습니다.

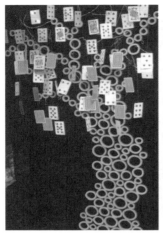  

카드 나라 무대 배경   카드 나라 여왕 뒷모습   카드 나라 여왕 앞모습

　　의상을 활용한 예시도 있습니다. 트럼프 카드를 복사해 각기 다른 크기로 인쇄하고, 중세풍의 느낌을 강조하기 위해 튜브를 활용하여 풍성한 드레스를 제작했습니다. 이때 드레스 아래로 갈수록 카드의 크기를 점점 크게 해 시각적 효과를 극대화했습니다. 망토는 선물 보자기를 활용했으며, 신발은 더 이상 신지 않는 실내화에 카드를 붙여 제작했습니다. 또한, 헤어밴드에 카드를 붙여 여왕 느낌이 나도록 연출했습니다.

선생님, 평소 어떤 활동을 하면 창의력 대회를 준비하는 데 도움이 될까요?

다음 사진은 DI에 참가했던 학생들입니다. 이 학생들의 의상과 소품은 많은 심사위원과 참가자의 관심을 끌었고 우수한 평가를 받았습니다. 학생들은 전통 한옥을 모티프로 하여 천으로 문을 만들고, 기와 구조물을 활용해 집을 제작하였습니다. 또한, 소품으로 문고리와 창호를 만들어 한옥을 잘 표현했습니다.

한옥 배경을 만들고 있는 학생들

미국 방송국과 인터뷰를 하는 학생들

최종 완성된 한옥 무대 배경

　이들의 작품은 미국 방송국에서도 취재해 갈 정도였는데요. 과연 이들은 어디에서 영감을 받아 아이디어를 냈을까요?

　이 한옥 무대 아이디어는 바로 '전시회'에서 시작되었습니다. 학생들은 우리나라 한옥을 천으로 표현한 전시회를 보고 아이디어를 얻어 무대 배경을 제작하였습니다. 여러분도 다양한 전시회나 박람회를 찾아가 보세요. 새로운 아이디어를 얻을 좋은 기회가 될 것입니다.

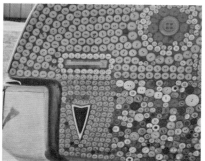

미국 공항에서 본 폐자원을 활용한 전시 작품들

위의 전시는 주변의 폐자원을 활용해 만든 작품들을 전시한 미국의 사례입니다. 미국의 공항에 전시되어 있었어요. 여러분도 이런 전시를 많이 접한다면 새로운 무대 배경이나 소품을 구상할 수 있을 것입니다.

다양한 의상을 볼 수 있는 곳이 또 있습니다. 바로 놀이공원에서 펼쳐지는 퍼레이드입니다. 퍼레이드에는 여러 캐릭터 의상과 소품이 등장하는

순천만국가정원 퍼레이드　　　　　일본 디즈니랜드 퍼레이드

학생들이 만든 새 둥지 소품(왼쪽)과 나무 배경(오른쪽)

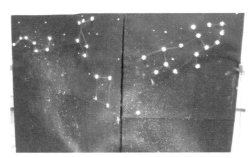

별자리 배경(왼쪽)과 새가 비상하는 소품(오른쪽)

데, 이를 유심히 관찰하면 다양한 아이디어를 얻을 수 있습니다.

　우리 주변을 잘 관찰하는 것은 매우 중요합니다. 특히 자연을 잘 보고 느끼며 이를 이미지로 형상화하는 작업도 필요합니다.

　위의 사진은 학생들이 만든 새 둥지 소품과 나무 배경입니다. 이러한 작업이 가능했던 것은 평소 주변을 살펴본 관찰력과 더불어 다양한 재료를 활용할 아이디어가 있었기 때문입니다. 별자리가 보이는 밤하늘 무대 배경과 날아오르는 새를 표현한 소품 역시 학생들이 배운 지식을 소품이

OM에서 장기 과제를 수행하는 미국 팀

나 배경에 어떻게 활용할 수 있을지를 고민한 사례입니다. 여러분도 과학
공부를 열심히 해야겠다는 생각이 들지 않나요?

　OM에서 '손을 사용하지 않고 다른 방법으로 구조물 옮기기' 장기 과

창의력 대회 과제에 전통 문화를 녹여낸 중국 팀

제가 주어졌을 때, 미국 학생들은 다양한 폐자원으로 크레인을 제작해 과제를 수행했습니다. 미국 학생들에게 어떻게 그런 해결책을 떠올리고 수행했는지 물어보았습니다. 그들은 문제 해결을 위해 "다양한 현장 전문가와 경험자들에게 조언을 구했고, 이를 바탕으로 학생 수준에서 해결책을 만들어냈다"라고 웃으며 답했습니다. 그야말로 진정한 창의력 대회의 모습이라고 생각했습니다.

　　위의 사진은 중국 팀의 소품과 무대 배경입니다. 이들은 세계 대회에 참가할 때 자국의 문화, 사회, 역사 등 다양한 내용을 장기 과제에 포함시켰습니다. 이렇게 도전하려면 우리도 역사와 사회 공부를 열심히 해야겠지요?

선생님, 창의력 대회의 즉석과제가 궁금해요!

창의력 대회에서 팀들은 팀 과제 외에도 '즉석과제Instant challenge'를 해결해야 합니다. 즉석과제는 대회에 따라 '자발성 과제Spontaneous problem', '현장과제' 등으로도 불립니다. 이 과제는 경연 당일까지 비밀로 유지되며, 우리 팀이 도전한 후에도 다른 사람들에게 내용을 이야기할 수 없습니다. 따라서 팀은 경연 장소에 들어갈 때까지 구체적인 즉석과제가 무엇인지 알 수 없으며, 미리 해결책을 준비할 수도 없습니다. 대회마다 즉석과제는 다양한 형태로 출제됩니다.

대회에 따라 다양한 즉석과제

구분	종류	특징
자발성 과제 (OM의 Spontaneous Problem)	언어 자발성 과제 (Verbal)	일종의 구술시험으로 그림이나 언어를 보고 즉흥적으로 대답하는 과제
	직접 자발성 과제 (Hands-On)	재료를 사용해 효율적인 결과를 얻어내는 과제
	언어/직접 자발성 과제 (Verbal/Hands-on)	재료를 사용한 과제 풀이와 함께 언어적 설명이나 이야기, 공연이 필요한 과제
즉석과제 (DI의 Instant Challenge)	공연 중심 즉석과제 (Performance-Based)	주어진 과제를 공연으로 표현하는 과제
	과제 중심 즉석과제 (Task-Based)	주어진 재료를 이용해 가장 효율적으로 문제를 해결하는 과제
	공연·과제 복합 즉석과제 (Combination)	재료를 이용해 과제를 해결하고 그 결과를 공연으로 표현하는 과제
	커뮤니케이션 즉석과제 (Communication)	의사소통과 관련한 과제

일반적으로 즉석과제 해결 시간은 5~20분이 주어지며 점수 배분은 대회마다 다릅니다. 즉석과제의 요구 사항에는 다소 차이가 있지만, 모든 즉석과제는 팀워크와 문제 해결에서의 창의성과 독창성을 중시합니다. 이어서 공연 중심 즉석 과제, 과제 중심 즉석 과제, 그리고 공연·과제 복합 즉석과제를 자세히 살펴보겠습니다.

공연 중심 즉석과제

공연 중심 즉석과제는 팀원들이 함께 공연하는 데 초점이 맞춰져 있습니다. 이 유형의 즉석과제는 공연의 창의성, 시연 방식, 사용된 자원의 적절성, 팀워크가 중요한 평가 항목입니다.

과제에 따라 해결 과정에서 특정 낱말, 언어, 대화, 극적 요소를 사용해야 할 수도 있으며 반대로 언어적 요소 사용이 금지될 수도 있습니다. 팀에게 주어지는 재료는 실물일 수도 있고 가상의 것일 수도 있으며, 평가자 앞에서 시연하기 전에 연습 시간이 제공될 수도 있고, 그렇지 않을 수도 있습니다.

● 공연 중심 즉석과제 학생용 문제

공연 중심 즉석과제의 학생용 문제는 제목, 과제, 상황 설정, 재료, 점수 순으로 구성되어 있습니다.

● 공연 중심 즉석과제의 심사위원용 심사 기준

공연 중심 즉석과제의 심사 기준은 점수 배점 요소가 구체적으로 제시되어 있습니다. 예를 들어 '방송하기' 과제의 일반적인 심사 기준은 다음과 같습니다.

공연 중심 즉석과제 문제 예시

제목	뉴스 방송하기
과제	뉴스, 날씨, 스포츠에 관한 내용을 창의적인 방법으로 만든 도구 6개를 이용해 발표하기 (준비 시간 10분, 발표 시간 3분 이내)
상황 설정	지역 방송국의 직원들이 갑자기 떠나버려서, 방송국에서 여러분에게 도움을 요청했다. 방송은 계속 진행되어야 한다. 여러분이 알고 있는 것이라고는 방송 내용에 6가지의 특별한 소도구가 포함되어야 한다는 것뿐이다. 여러분은 이제 뉴스, 날씨 그리고 스포츠에 관한 내용을 창의적으로 개발된 6개의 특별한 소도구를 이용하여 발표해야 한다.
재료	① 동물 인형 1개 ② 참치 캔 1개 ③ 아기 우유병 1개 ④ 훌라후프 1개 ⑤ 조화(인조 꽃) 1송이 ⑥ 굽 높은 구두 1켤레 (종이 1장과 연필 1자루는 발표 준비를 위해 사용할 수 있다.)
점수	A. 발표 내용에 뉴스, 날씨, 스포츠에 관한 내용이 들어 있다. (20점) B. 뉴스, 날씨, 스포츠에 관한 내용의 창의성 (각 10점, 최대 30점) C. 창의적으로 도구들을 방송에 이용했다. (각 5점, 최대 30점) D. 팀원 간의 협동성 (20점)

발표한 뉴스, 날씨, 스포츠 내용의 창의성 심사 기준

점수	요소
1~3	· 창의성이 보인다. 결론이 있다. · 응용하려는 시도가 있다. · 인원 구성이 최적이다.
4~5	· 창의성이 있고 내용이 타당하다. · 주제가 있다. · 결론이 완벽하다. · 상관관계가 있는 요소들로 구성되었다.
6~7	· 창의성과 협동성이 뛰어나다. · 통합성이 있다. · 독창성이 있다. · 조화롭게 결론지었다.
8~10	· 창의성이 있고 혁신적이다. · 아하! 와우!(최고) · 관계없는 요소들이 새로운 아이디어를 만드는 데 통합되어 있다. · 혁신적으로 결론지었다.

사용된 창의적인 도구 심사 기준

점수	1~2	3	4	5
요소	창의성 결론의 유무	창의성, 타당성 결론의 완벽성	창의성, 협동성 독창성	창의성, 혁신성 (최고)

팀원 간의 협동성 심사 기준

점수	요소
1~5	· 다른 팀원의 행동을 제한하는 개인이 있다. · 협동성이 낮다. · 의견을 잘 나누지 않는다.
6~10	· 몇몇 팀원이 전체 팀을 좌우한다. · 약간의 협동성이 보인다. · 서로가 다른 팀원의 의견을 일부만 받아들인다.
11~15	· 평균 이상으로 팀의 역할들을 받아들인다. · 협동성이 좋다. · 서로 의견을 잘 받아들인다.
16~20	· 지도력이 있으며 팀원 개개인의 역할이 명확하다. · 표현이 다양하고 팀원들이 서로를 존중한다. · 팀 활동이 모범적이다.

과제 중심 즉석과제

과제 중심 즉석과제는 주어진 재료를 사용해 무언가 만들거나, 움직이게 하거나, 변화시키거나, 목표를 달성해야 합니다. 과제 수행의 성공 정도에 따라 점수가 부여됩니다. 과제 수행 시작 전에 조원들과 함께 주어진 재료를 어떻게 사용할지 또는 확장, 연결, 변형하려면 어떤 재료가 적절한지 등을 잘 상의해야 합니다. 시간제한을 잘 지켜야 하며, 이를 위해 시간을 측정할 팀원을 1명 정해두는 것도 좋습니다.

평가 항목은 해결책의 설계, 최종 프로젝트의 창의성, 과제 완수를 위한 팀원들 간의 협동성입니다. 과제를 해결하는 동안에는 팀원들 간의 대화가 허용되지 않을 수도 있습니다.

● 과제 중심 즉석과제 학생용 문제

과제 중심 즉석과제의 학생용 문제는 제목, 과제, 과정, 재료, 점수 순으로 구성되어 있습니다.

과제 중심 즉석과제 문제 예시

제목	공 위에 탑 쌓기
과제	제한 시간 5분 안에 주어진 재료를 가지고 가능한 한 높은 탑을 공 위에 쌓기
과정	책상 위의 준비물을 이용해서 공 위에 가능한 한 높게 탑을 쌓는다. 공은 움직여서는 안 되고 탑을 공 위에 붙일 수는 없다. 남은 시간이 1분일 때와 30초일 때 각각 심사위원은 남은 시간을 알려줄 것이다. 참가자들은 어떤 점수에서든 멈출 수 있다. 점수를 받기 위해서는 종료 시각에 탑이 반드시 공 위에 있어야 한다. 탑의 높이는 종료 시각 5초 후에 측정한다.
재료	① 클립 4개 ② 연필 2자루 ③ 알루미늄 포일 1장(30cm×30cm) ④ 고무 밴드 4개 ⑤ 빨대 8개 ⑥ 종이컵 1개 ⑦ 커피 젓는 스틱 3개
점수	A. 종료 시각에 공 위에 탑이 있을 경우 (10점) B. 탑의 높이 1cm당 0.5점 (최대 50점) C. 도구의 창의적인 사용 (최대 20점) D. 팀원 간의 협동성 (20점)

● 과제 중심 즉석과제의 심사위원용 심사 기준

과제 중심 즉석과제의 심사 기준에는 점수 배점에 대한 요소가 상세히 제시되어 있습니다. 예를 들어, '공 위에 탑 쌓기' 과제에 대한 일반적인 심사 기준은 다음과 같습니다.

도구 사용의 창의성 심사 기준

점수	1~5	6~10	11~15	16~20
요소	도구를 정상적으로 사용	도구를 색다른 방법으로 사용	도구 사용이 명백히 창의적	도구를 매우 창의적으로 사용

팀원 간의 협동성 심사 기준

점수	요소
1~5	· 다른 팀원들의 행동을 제한하는 개인이 있다. · 협동성이 낮다. · 의견을 잘 나누지 않는다.
6~10	· 몇몇 팀원이 전체 팀을 좌우한다. · 약간의 협동성이 보인다. · 서로가 다른 팀원의 의견을 일부만 받아들인다.
11~15	· 평균 이상으로 팀의 역할들을 받아들인다. · 협동성이 좋다. · 서로 의견을 잘 받아들인다.
16~20	· 지도력이 있고 팀원 개개인의 역할이 명확하다. · 표현이 다양하고 팀원들이 서로를 존중한다. · 팀 활동이 모범적이다.

공연·과제 복합 즉석과제

공연·과제 복합 즉석과제는 공연 중심 즉석과제와 과제 중심 즉석과제의 전반적 특성이 혼합된 것입니다. 과제 수행을 연계하여 공연해야 합니다. 창의성과 임무 수행 정도에 따라 점수를 받습니다. 팀원 간의 협동성이 중요하며 역할 분담을 적절히 해야 합니다. 단, 제작과 공연을 따로 나누지 않고 함께하는 것이 좋습니다.

● 공연·과제 복합 즉석과제의 학생용 문제

공연·과제 복합 즉석과제의 학생용 문제는 제목, 과제, 상황 설명, 재료, 점수 순으로 구성되어 있습니다.

공연·과제 복합 즉석과제 문제 예시

제목	청소하기
과제	큰 건물의 외부를 청소할 수 있는 청소 도구를 개발해 이름을 붙이고, 그것이 어떻게 건물을 청소할 수 있는지 발표하기
상황 설명	주어진 재료를 이용해 청소하기 힘든 커다란 건물의 외부를 청소할 수 있는 청소 도구를 만들어야 한다. 만든 청소 도구에는 이름을 붙이고, 그것이 어떻게 작동하는지 발표한다.
재료	① 냅킨 1장 ② 라벨지 4장 ③ 커피 젓는 스틱 5개 ④ 고무파이프 1개 ⑤ 빨대 2개 ⑥ 30cm 실 (종이 1장과 연필 1자루는 발표 준비를 위해 사용할 수 있다.)
점수	A. 건물 청소 도구의 창의성 (40점) B. 청소 도구 이름의 창의성 (20점) C. 발표의 창의성 (20점) D. 팀원 간의 협동성 (20점)

● 공연·과제 복합 즉석과제의 심사위원용 심사 기준

공연·과제 복합 즉석과제의 심사 기준은 점수 배점에 대한 요소가 상세히 제시되어 있습니다. 예를 들어, '청소하기' 과제에 대한 일반적인 심사 기준은 다음과 같습니다.

건물 청소 도구의 창의성 심사 기준

점수	1~10	11~20	21~30	31~40
요소	창의성 결론의 유무	창의성, 타당성 결론의 완결성	창의성, 통합성 독창성	창의성, 혁신성 아하! 와우! (최고)

청소 도구 이름의 창의성 심사 기준

점수	1~5	6~10	11~15	16~20
요소	창의성 결론의 유무	창의성, 타당성 결론의 완결성	창의성, 통합성 독창성	창의성, 혁신성 아하! 와우! (최고)

발표의 창의성 심사 기준

점수	요소
1~5	· 창의성이 보인다. · 결론이 있다. · 응용하려는 시도가 있다. · 인원 구성이 최적이다.
6~10	· 창의성이 있고 내용이 타당하다. · 주제가 있다. · 결론이 완벽하다. · 상관관계가 있는 요소들로 구성되었다.
11~15	· 창의성과 협동성이 뛰어나다. · 통합성이 있다. · 독창성이 있다. · 조화롭게 결론지었다.
16~20	· 창의성이 있고 혁신적이다. · 아하! 와우!(최고) · 관계없는 요소들이 새로운 아이디어를 만드는데 통합되어 있다. · 혁신적으로 결론지었다.

팀원 간의 협동성 심사 기준

점수	요소
1~5	· 다른 팀원의 행동을 제한하는 개인이 있다. · 협동성이 낮다. · 의견을 잘 나누지 않는다.
6~10	· 몇몇 팀원이 전체 팀을 좌우한다. · 약간의 협동성을 보인다. · 서로가 다른 팀원의 의견을 일부만 받아들인다.
11~15	· 평균 이상으로 팀의 역할을 받아들인다. · 협동성이 좋다. · 서로 의견을 잘 받아들인다.
16~20	· 지도력이 있고 팀원 개개인의 역할이 명확하다. · 표현이 다양하고 팀원들이 서로를 존중한다. · 팀 활동이 모범적이다.

즉석과제 준비 방법

즉석과제는 즉흥적으로 과제를 해결하는 동안의 순발력, 창의적인 문제 해결력, 재료 활용 능력, 협동성 등을 평가합니다. 그래서 정답을 찾는 것보다 문제를 순발력 있고 창의적으로 해결해 나가는 모습을 심사위원들에게 보여주는 것이 중요합니다. 또한, 주어진 시간이 짧으므로 시간을 효율적으로 활용하는 능력을 키워야 합니다. 따라서 준비 과정에서 시간에 대한 개념을 명확히 하고 주어진 시간을 적절히 배분해 활용하는 훈련이 필요합니다.

● 실전에서의 준비 시간

일반적으로 즉석과제의 준비 시간은 2~5분가량 주어집니다. 이 시간 동안 팀장은 다음과 같은 순서에 따라 빠르게 협의를 주도합니다.

① 주어진 문제를 함께 읽으며 과제 내용을 정확히 파악합니다.
② 의견을 나누며 서로의 발언에 집중합니다.
③ 신속히 역할을 분담합니다.
④ 역할 분담에 따라 문제를 해결합니다.
⑤ 주어진 물건은 모두 활용합니다.
⑥ 각 팀원은 자신의 역할, 순서, 대사를 숙지합니다.

또박또박 빠르게 말하며 서로의 의견에 집중해야 합니다. 공연 중 대사가 생각나지 않으면 임기응변으로 적절히 대사를 만들어 사용합니다.

● 평상시 연습

평소 즉석과제를 연습할 때는 다음 3단계를 따릅니다.

1단계 생각 열기	생각하기 → 생각 쓰기 → 생각 말하기 → 1분 동안 얼마나 많은 생각을 하는지 실험하기
2단계 말하기	주어진 물건의 용도를 순서대로 돌아가며 말하기 → 1분 동안 얼마나 많은 용도를 말할 수 있는지 경기하기
3단계 행동하기	팀 단위로 주어진 즉석과제에 도전하기 → 팀이 표현한 내용을 촬영하기 → 촬영한 영상을 보며 개선점을 찾아 의견 나누기

● 역할을 바꿔서 연습: 심사위원 되어보기

실전처럼 즉석과제를 연습하는 방법입니다. 참가자 팀과 심사위원 팀으로 나누어 역할을 바꿔가며 연습합니다. 모든 팀원이 심사위원 역할을 경험해 봅니다. 심사위원이 되어 과제를 평가하고 점수를 매길 때는 다음 사항이 포함되도록 미리 논의합니다.

> – 과제를 해결하는 다양한 접근법과 나올 수 있는 여러 해답
> – 과제가 명확하지 않을 때 이를 설명할 방법
> – 참가자들에게서 나올 수 있는 질문과 그에 대한 답변

선생님,
창의력 대회의 즉석과제는
어떻게 준비할까요?

즉석과제를 준비할 때 많은 학생이 연습 문제를 보고 한 번 활동해 보는 것으로 연습을 마치는 경우가 많습니다. 이런 방식으로 진행하면 연습 시간이 더 많이 필요하게 됩니다. 왜냐하면, 같은 문제에 대해 지속적인 반복 연습이 필요하기 때문입니다. 또한, 어떻게 하면 더 높은 점수를 받을 수 있을지 고민해 볼 기회도 부족해집니다.

따라서 연습할 때는 결과를 돌아보고 개선할 수 있도록 일지를 작성하면서 연습하는 방법이 가장 효과적입니다. 연습을 마친 후 일지를 작성하고, 대회 전에 이 일지를 보면서 창의적인 사례들을 다시 떠올리며 팀원들과 새로운 답변을 생각해 보면, 좀 더 짧은 시간에 많은 즉석과제를 연습할 수 있습니다.

다음은 언어 유형 관련 즉석과제의 일지 사례입니다.

[동물 도우미] **"동물들이 우리가 하는 일에 도움을 준다면 어떨지를 상상해 보자!"**

· 조건:	① 팀원은 순서대로 활동에 적힌 카드를 하나씩 선택
	② 그 활동을 할 때 어떤 동물에게서 도움을 받고 싶은지 말할 것

· 팀원 1명당 7개의 대답을 해야 한다.
· 주어진 시간 내에 팀원 모두 차례대로 돌아가며 대답한다.
· 시간이 지나면 1인당 7개를 대답하지 못하더라도 기회는 주어지지 않는다.

예시) 선택한 카드 내용: 공을 차기 ⇒ 당나귀
      이유 ⇒ 당나귀들은 세게 찰 수 있으니까.

평범한 답변	· 송재현: 등산을 할 때 염소요. ⇒ 염소는 등산을 잘하니까. · 박두솔: 잔디를 깎을 때 소요. ⇒ 소들은 풀을 먹잖아요. · 조휘연: 기타를 칠 때 낙지요. ⇒ 낙지는 다리가 많으니까.
창의적인 답변	· 김형식: 줄넘기할 때 뱀이 있으면 좋겠어요. ⇒ 만약 줄넘기 줄이 끊어지면 뱀을 대신 사용하면 되니까. · 이호원: 코끼리랑 숨바꼭질을 같이 하고 싶다. ⇒ 매번 내가 이길 테니까. · 양경균: 신문 배달을 할 때 수탉이요. ⇒ 알람을 맞추지 않고 그냥 자도 깨워 줄 테니까.
독창적인 답변	· 송진우: 내 숙제를 할 때 벅스바니요. ⇒ 벅스바니는 똑똑하니까요. · 박진일: 눈사람 만들 때 Mumble의 도움을 받을 거예요. ⇒ 추워도 그는 멈추지 않으니까.

[언어 자발성]

· 준비물   주변에 있는 모든 사물

                       예를 들어 국자, 종이컵, 스테이플러, 볼펜, 지우개, 의자, 공책, 형광등, 칼 등

· 가이드   참가자들이 책상에 놓여진 물품 2개를 랜덤으로 골라 자신이 이 2개의 사물을 합쳤을 때 어떠한 새로운 물체가 탄생되는지 생각하고 다른 구성원들에게 발표하는 방식으로 무한 반복한다. 물론 상상 속의 어떠한 물건도 가능하다.

· 해결 방안   예를 들어 국자＋종이컵＝종이컵을 쉽게 분리수거할 수 있는 국자

                       형광등＋칼＝야간에 칼질할 때 손이 베이지 않게 빛이 나는 칼

                       스테이플러＋볼펜＝시험 볼 때 스테이플러처럼 잘 찍을 수 있는 볼펜

· 효과   발상의 전환을 주어 남들보다 창의적 아이디어를 고안해 낼 수 있는 능력을 향상시킨다.

[과학·기술형 즉석과제]

〈여러 가지 공 매달기〉   탁구공, 골프공, 테니스공, 야구공, 핸드볼 공을 긴 막대에 매달아 보자.

· 공의 종류

탁구공	10개
골프공	10개
테니스공	10개
야구공	8개
핸드볼공	2개

· 재료

재료	수량	재료	수량
털실(1m)	1개	A4용지	1개
빨대(지름 5cm)	10개	종이컵	2개
견출지(3cm×5cm)	1장	고무밴드 (지름 5cm)	2개
집게(소형)	2개	컬러 클립	10개
알루미늄 포일 (30cm×30cm)	1개	풍선	1개

※가위 1개('가위'는 재료를 변형시키는 도구로만 제공)

※ 많이 매달고 무거운 것을 매다는 것도 중요한 요소이지만, 주어진 재료를 어떤 창의적 방법을 가지고 쓰느냐가 더 중요한 과제이므로 그 점을 유의해야 한다.

[기술 유형 과제] **"Balloon Tower"**

· 과제:　아랍에미리트(UAE)의 버즈 두바이는 우리나라 건설사가 시공하고 있어 화제가 되고 있다. 총 160층, 첨탑까지 포함하면 높이가 800m 이상이 되는 세계에서 가장 높은 건축물이 될 예정. 이런 높은 건축물의 구조는 높이가 매우 높은 대신 여러 가지 환경 요인에 대비한 안전성을 갖추어야 한다. 우리도 제한된 조건에서 주어진 재료만을 이용하여 높은 구조물을 설계하고 만들 수 있을까?

〈주어진 재료를 이용 → 맨 꼭대기에 풍선이 놓인 최대한 높은 구조물을 만들자!〉

· 준비물　풍선 1개, 종이 접시 1개, 신문지 1/2장, A4용지 2장, 구부러진 빨대 4개, 종이컵 1개, 견출지 2장

· 효과:　① 활동 중심의 교육 프로그램을 통해 신체·운동·감각 기능을 향상할 수 있다.
　② 제한된 시간 동안 주어진 재료만을 이용하여 문제를 해결해 내는 문제 해결 활동을 통해 신체·운동·감각 기능과 문제 해결 능력을 기른다.

· 일반적 행동: A4 용지와 신문지를 말아 높게 만든 후에 지지대로 종이 접시를 높게 세운다.

· 창의적 행동: 기둥이 잘 구부러지지 않도록 신문지와 A4용지와 빨대를 겹쳐놓은 뒤에 그것을
종이컵에 끼운다.

[홍보물 만들기]

· 과제:　　　선택한 10개의 재료로 '풍력을 이용한 홍보물 만들기'

· 재료:　　　① 은박접시 ② 나무젓가락 ③ 알루미늄 포일 ④ 나일론 포장끈 ⑤ 볼펜 ⑥ A4
용지 ⑦ 우드록 ⑧ 라벨지 ⑨ 빨대 ⑩ 비닐봉지

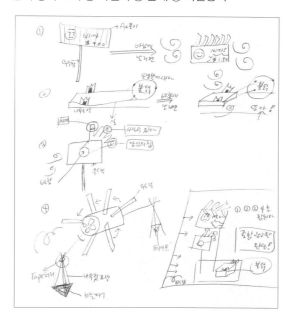

[행동 자발성] "홍보물 만들기"

· 준비물: 알루미늄 포일, 신문지, 노끈, 컵, 플라스틱 쟁반, 면봉, 색종이

· 가이드: 참가자들한테 자신이 홍보할 주제를 선택하도록 한 후에 주어진 준비물을 가지고 홍보물을 제작한 후에 동료들에게 발표를 한다.

· 해결 방안: 남을 설득할 수 있을 정도의 창의성이 필요하므로 최대한 시각적 효과를 나타내도록 한다.

· 효과: 자신감 확보와 창의적 아이디어 구상 능력 향상

이러한 일지 작성은 여러분의 성장 기록이자 소중한 경험의 역사가 될 것입니다. 한번 도전해 봅시다!

06

선생님,
창의력 대회의 구조물 제작 방법을
알려주세요!

'구조물'의 사전적 정의는 '일정한 설계에 따라 여러 가지 재료를 얽어 만든 물건'입니다. 아직 완성되지 않은 건물의 뼈대를 한 번쯤 본 적 있을 것입니다. 또는 화려한 조명이 설치된 콘서트장의 조명탑, 고압의 전기가 흐르는 송전탑, 전파를 중계하는 송신탑 등을 본 경험이 있을 것입니다. 이러한 건축물의 골격, 조명탑, 송전탑, 송신탑 등이 구조물입니다.

구조물의 기둥Column은 건축 공간을 형성하는 기본 뼈대입니다. 기둥은 지붕·바닥·보 등 상부의 하중을 지탱하는 역할을 합니다. 이때 가운데 기둥이 굵고, 양 끝이 잘 고정되어 있을수록 작은 질량의 기둥으로도 큰 하중을 견딜 수 있습니다.

보Beam는 기둥에 연결되어 기둥이 기울어지는 것을 방지하며, 건축물의 바닥을 지지하는 대표적인 구조 부재[2]로서 휨 모멘트[3]와 전단력[4]을 받습니다.

트러스Truss는 교량이나 지붕처럼 넓은 공간을 구성하며 하중을 지지할 수 있는 구조 형식입니다. 트러스는 수직 방향의 하중으로 인해 보와 기둥이 휘어지는 현상을 방지하고, 그 힘을 수평 방향으로 일부 분산시키는 역할을 합니다. 주로 수평, 수직, 경사 부재로 구성되며, 각 부재가 만나는 절점[5]은 이상적으로 핀(힌지)으로 이루어져 모멘트를 전달하지 않으면서 압축과 인장력만을 받도록 설계됩니다. 그러나 실제 구조물에서는 핀이나 힌지를 완벽히 구현하기 어렵기 때문에 어느 정도 모멘트가 전달되는 접합 형태입니다.

효율이 높은 구조물의 원리를 이해하려면 다음과 같은 요인들을 탐구 주제로 삼아 연구하는 것이 바람직합니다.

---

2   구조물의 뼈대를 이루는 데 중요한 요소가 되는 여러 가지 재료.

3   지렛대에 어떤 힘이 가해질 때 생기는 힘의 모멘트(어떤 물리량을 어떤 정점 또는 축에서 그 물리량이 있는 곳까지의 거리의 거듭제곱으로 곱한 양).

4   물체의 어떤 면에 크기가 같고 방향이 서로 반대가 되도록 면을 따라 평행하게 작용하는 힘.

5   기둥이나 보에서, 부재를 고정하거나 이은 부분.

효율이 높은 구조물의 원리를 이해하기 위한 추천 탐구 주제

탐구 1	기둥의 요인별 강도가 어떻게 달라지는지 탐구하기
탐구 2	접착제 성분이 강도에 미치는 영향 분석하기
탐구 3	기둥과 트러스의 무게 비율을 다양한 통제 변인에 따라 조사하기
탐구 4	인장 강도가 하중을 견디는 힘에 영향을 주는지 파악하기
탐구 5	구조물의 구조적 특성을 다양한 유형(형태, 넓이, 등분)으로 실험하여 강도에 가장 큰 영향을 미치는 요인을 순서대로 정하기
탐구 6	트러스 디자인과 접착 위치, 접착 방법이 강도에 미치는 영향 분석하기
탐구 7	습도와 수평 조건을 실험하여 최적의 상태 찾기
탐구 8	위의 탐구 과정에서 얻은 최적의 조건을 적용하여 여러 디자인의 구조물을 제작해 표준안을 제시하고, 이를 바탕으로 대회에 참여하기

이러한 탐구 주제를 기반으로 최적의 구조물을 만드는 과정이 대회 준비의 주요 과정입니다. 장기 과제들은 이러한 탐구 주제를 토대로 연구해 나간다고 생각하면 좋겠습니다.

대부분의 구조물 관련 대회에서는 나무로 만든 테스터에 직경 약 5cm의 쇠 봉을 꽂아 그 위에 바벨을 올리는 방식으로 진행됩니다. 그렇다면 구조물에서 가장 중요한 요소는 무엇일까요? 바로 '구조물의 모양을 설계하고 만드는 과정'입니다. 우선 구조물 모양을 구상한 후, 수평과 수직을 잘 맞추고 트러스를 정확하게 구성하여 구조물을 제작해야 합니다. 이때 구조물을 만들기 위해 지그jig라는 틀이 필요합니다. 직접 제작한 지그를 이용해서 구조물을 제작해야 구조물이 비틀어지지 않고 하중을 견딜 수 있는

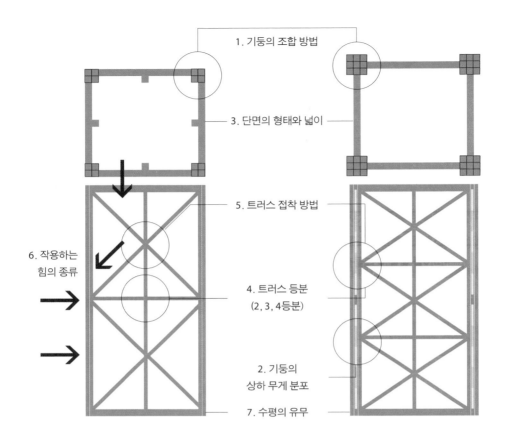

1. 기둥의 조합 방법

3. 단면의 형태와 넓이

5. 트러스 접착 방법

6. 작용하는
힘의 종류

4. 트러스 등분
(2, 3, 4등분)

2. 기둥의
상하 무게 분포

7. 수평의 유무

효율적인 구조물 설계를 위한 주요 요소

튼튼한 구조물이 될 수 있습니다. 따라서 대회 요강이 발표된 후 어떤 틀을
사용할지 고민하고 그 틀을 제작하는 과정 또한 매우 중요합니다.

　지그를 바탕으로 만들어야만 동일한 모양의 구조물을 제작하고 실험
을 진행할 수 있습니다. 지그는 먼저 모눈종이에 설계하고, 이를 바탕으로
나무나 플라스틱을 사용하여 만듭니다.

구조물 틀을 만드는 학생들과 여러 번의 실험을 거듭하며 만든 수많은 구조물

완성된 구조물은 여러 번의 실험을 통해 최종 구조물로 선정됩니다. 위의 사진은 우리 학생들이 제작하고 시험해 본 구조물들입니다. 구조물 제작과 실험 과정에서 충분한 연구가 이루어져야 좋은 구조물이 탄생할 수 있습니다. 이렇듯 끊임없는 노력과 연구가 뒷받침될 때, 세계 대회 챔피언의 자리에 오를 수 있습니다.

07

선생님,
창의력 대회의 구조물 분야에서
어려운 점은 무엇이었나요?

세계 대회 구조물 분야에 참가할 때 학생들이 가장 어려워했던 문제 중 하나는 '바벨' 문제였습니다.

우리나라 바벨은 대부분 표면이 플라스틱으로 코팅되어 있는데, 세계 대회에서 사용하는 바벨은 대부분 철로만 제작되어 있어서 학생들이 다루기 매우 어려워했습니다. 또한, 우리나라 바벨에는 홈이 있어 들기 매우 편합니다. 그러나 세계 대회의 바벨에는 잡을 수 있는 홈이 따로 없어서 학생들이 경기 중에 바벨을 놓친 적도 있습니다. 바벨을 놓는 방식에 따라 무게가 달라지는 구조물은 바벨을 놓치는 실수가 매우 치명적일 수 있습

홈이 있어 잡기 쉬운 우리나라 바벨과 구조물 위에 쌓아 놓은 우리나라 바벨

니다. 이러한 상황을 대비해 대회 전에 미리 현장에 가서 바벨을 잡는 방법
을 연습했습니다.

　　바벨을 어떤 형태로 쌓을지 고려하는 것도 팀의 중요한 전략 중 하나
입니다. 다음 쪽의 사진처럼 다양한 형태의 바벨이 배치되어 있으면 바벨
을 어떻게 선택할지도 팀원들과 충분히 논의해야 합니다.

　　바벨의 크기를 고려하여 무게를 올려놓는 사례도 있고, 잡기 쉽도록
무게를 번갈아 쌓는 사례도 있습니다. 항상 바벨을 어떻게 쌓을지 신중하
게 고려해야 합니다. 또한, 바벨을 쌓거나 구조물을 관찰해야 하는 상황에

다양한 방법으로 바벨을 쌓고 심사위원의 질문에 답하는 학생들

는 안전 안경을 착용하는 것이 좋습니다.

　경기가 끝나면 심사위원들은 다양한 질문을 합니다. 예를 들어 심사위원이 구조물의 형태와 특징에 대해 질문하면, 팀원들은 구조물 제작 시 발휘한 창의성이나 제작 과정에서의 협동에 대해 자세히 설명해야 합니다.

　세계 대회에서 심사위원들은 주로 영어로 질문합니다. 우리도 영어로 대답하는 것이 좋겠지요? 이렇듯 영어와 같은 외국어도 중요한 학습 과목입니다. 어때요, 열심히 공부해서 창의력 대회에 도전하고 싶은 의욕이 생기지요?

08

선생님,
창의력 대회의 실제 연구보고서를
보고 싶어요!

창의력 대회에서 학생들과 많이 고민했던 것 중의 하나가 연구보고서 작성입니다. 다음은 실제로 작성했던 구조물 과제의 연구보고서입니다. 우리 학생들과 작성한 보고서를 참고해 여러분도 직접 작성해 보세요!

창의력 대회 연구보고서 사례

문제 선택	열리는 구조물

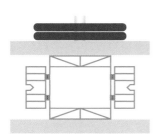

주어진 과제는 발사 목재와 접착제로만 구조물을 디자인하고 제작하는 것입니다. 이 구조물은 적어도 두 부분으로 이루어져야 하며, 이 두 부분은 하나의 경첩으로 이어져야 합니다. 이 두 부분이 이어져 있는 상태에서 접혀서 하나의 완성된 구조물이 되어야 합니다. 팀은 두 부분을 연결할 때 사용하는 '경첩'을 발사 목재와 접착제가 아닌 다른 재료로 만들 수 있습니다. 팀은 구조물 위에 무게를 올려놓아 구조물을 실험할 것이며, 이 구조물 실험을 하나의 공연에 통합시켜야 합니다. 공연에는 접히거나 펼쳐지면서 변신하는 3개의 각기 다른 사물이 등장해야 합니다.

1. 과제의 이해 및 분석

탐구 과제: 현대 사회가 변화하면서 생기는 새로운 디자인과 건축 형태들에 따라 열리는 건축들도 생겨날 수 있다. 그에 따라 열리는 구조물의 형태에도 진동, 충격 등을 견딜 수 있는지 확인할 수 있는 실험이 아닌가 싶다.

2. 선행연구 및 구조 이론 조사

1) 건축의 디자인

① 과학기술이 발달하고 디자인이 강조되면서 자연 친화적인 디자인이나 혁신적인 디자인을 가진 건축들이 많이 나타남.

② 건물의 열림이나 움직임을 통해서, 좀 더 내부에서 밖을 바로 내려다보면서 환경친화적으로 설계할 수도 있으며, 열리는 건축물을 통한 매우 독창적인 건축물을 디자인할 수 있음.

2) 현대의 문제 해결

인구 증가에 비해 땅은 한정되어 있기에 고층 건물을 짓는 추세. 열리는 구조물은 땅을 더 효과적으로 사용할 수 있음.

(예시: 낮에는 아파트 건물이 닫혀 있어서 넓은 면적을 사용하지만, 밤이 되면 열려서 남은 면적을 주차장으로 사용할 수 있음.)

3. 표준화된 최적 구조물 제작해보기(기둥, 트러스, 수평, 접착제)

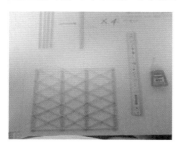

1) 발사, 트러스 각각 21.5cm씩 16개씩 자르기.

2) 발사, 트러스, 발사, 트러스, 발사, 트러스 순으로 기둥 붙이기.

3) 윗면, 아랫면을 갈아주고 난 뒤 위로부터 8.5cm, 아래로부터 12.5cm를 맞춰 그사이를 자르기.

4) 짧은 것은 8.2cm, 긴 것은 12.2cm로 맞춘 뒤 사진과 같이 트러스를 붙여준다.

4. 과제의 제한 사항 파악하기

1) 구조물은 발사 목재와 접착제로 만들어야 한다. 구조물의 각 부분은 하나의 경첩으로 이어져 있어야 하며, 접혔을 때 하나의 완성된 구조물이 되어야 한다.

위에서 봤을 때 e자 형태의 구조물 2개를 제작했으며, 무게 제한 때문에 시중의 경첩 대신 테이프를 경첩으로 사용하여 2개의 구조물 덩어리를 연결하였다. 열려 있는 2개의 구조물을 접으면 1개의 사각기둥 형태를 이루어 테스터기 위에서 무게를 지탱하게 된다.

2) 펼쳐진 상태에서 테스터기 위에 놓여 있을 때 구조물의 모든 치수(길이, 너비, 높이 등)가 6인치를 넘지 않거나, 구조물의 최대 크기가 25인치×3.5인치×2.25인치(63.5cm×8.89cm×5.72cm)이어야 한다.

이번 과제에서는 2가지 방법으로 구조물을 제작할 수 있었다. 첫 번째는 가로, 세로, 높이가 모두 6인치 안에 들어가는 방법이고, 또 한 가지는 가로, 세로, 높이가 63.5cm×8.89cm×5.72cm 안에 들어가는 방법이다. 첫 번째 방법 같은 경우는 기둥을 자르는 게 불가피하다. 아래에 나와 있는 높이 규정이 8인치이기 때문이다. 우리는 기둥을 자르게 된다면 구조물이 흔들리고 부서질 가능성이 더 높다고 생각하여 기둥을 자르지 않고 만드는 방법을 여러 가지 생각해 보았다. 그 결과가 'ㄷ자 모양을 서로 마주보게 붙이는 것'과 '기둥을 보강하는 것' 2가지였다.

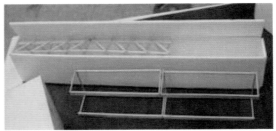

길이, 너비, 높이 등 모든 치수가
6인치 이내인 구조물

최대 크기가 25인치×3.5인치×2.25인치
(63.5cm×8.89cm×5.72cm)인 구조물

3) 접힌 상태(즉, 실험될 상태)에서 구조물의 높이는 최소 8인치(20.32cm)여야 한다.

위에서 언급했듯 구조물이 실험될 높이는 최소 8인치이다. 그러므로 우리는 기둥을 자르지 않는 방법을 택했다.

4) 접힌 상태에서 구조물은 구조물 높이 전체를 통과하는 구멍을 지니고 있어야 하며, 이 구멍 안으로 지름이 2인치(5.1㎝)인 안전 파이프가 들어갈 수 있어야 한다. 즉, 구조물의 구멍의 지름은 2인치(5.1㎝)보다 커야 한다. 이 구멍은 무게 측정 절차에서 측정될 것이다. 무게 배치 과정에서 이 구멍 안에 안전 파이프가 들어가 있어야 한다.

우리가 생각한 방법 중 기둥을 보강한다는 디자인은 사실 이 부분에서 문제가 생겼다. ㄷ자와 달리 이 방법은 밑면이 5.72cm×8.89cm였기 때문에 바벨을 올릴 때 조금만 빗나가도 기둥에 구조물이 닿아 부서지기 때문이다. 하지만 우리는 그만큼 더 기둥을 보강했고, 무게를 줄이면서 보강하는 방법도 생각해 보면서 구조물에 대해 깊게 탐구했다.

5) 구조물 접기. 구조물은 구조물의 부분들을 이어주는 하나의 경첩으로 인해 접혀야 한다. 팀은 구조물에 표시를 한다. 심사위원들은 펼쳐진 상태의 구조물을 위에서 보았을 때 이 표시를 볼 수 있고, 구조물이 좁힌 상태에서는 볼 수 없어야 한다. 단지 구조물의 일부분을 돌려서 표시를 안 보이게 하는 것은 구조물을 접는 것으로 보지 않는다.

6) 종이로 제한 사항의 디자인 모형 만들기

구조물이 접혔을 때 보이지 않을 표시를
빨간색 펜으로 한다.

접힌 후에는 표시가 보이지 않는다.

5. 최적 이론 + 응용 이론 = 새 모델

우리는 구조물을 총 4가지 방법으로 디자인했다.

① 기둥을 잘라 6인치 큐브 안에 들어가게 만드는 형식

② ㄷ 자를 서로 마주보게 놓고 접어 올리는 형식

③ 기둥과 트러스는 가만히 놔두고, 거기에 긴 막대를 더해 기둥을 보강하며 접히는 형식

④ 삼각형 2개가 접혀 올라가는 형식

①　　　　　　　②　　　　　　　③　　　　　　　④

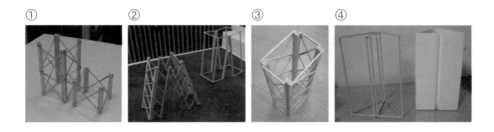

6. 가상의 수직 유지 틀 제작

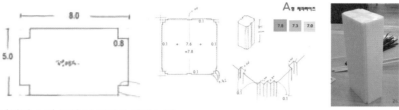

가상의 수직 유지 틀 도면과 제작 모형

7. 구조물 제작

1) 발사, 트러스 각각 21.5cm씩 16개씩 자르기.
2) 발사, 트러스, 발사, 트러스, 발사, 트러스 순으로 기둥 붙이기.
3) 윗면 아랫면을 갈아주고 난 뒤 위로부터 8.5cm, 아래로부터 12.5cm를 맞춰 그 사이를 자르기.
4) 짧은 것은 8.2cm, 긴 것은 12.2cm로 맞춰준 뒤 사진과 같이 트러스를 붙여준다.

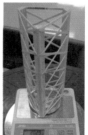

8. 파괴 실험

9. 제작 시간과 비용 계산

시간 : 1개의 삼각 구조물 제작에 약 3시간 정도의 시간이 소요된다.

비용 : 90cm 발사 나무 1개 가격 = 700원

> 기둥: 발사 나무는 높이 21cm(환산가: 170원)로 36개(한 기둥당 12개)가 필요하므로
> 170×36 =6,120원.

> 트러스: 발사 나무 8~9cm(환산가: 65원)로 33개(한 면당 트러스 11개)가 필요하므로
> 65×33=2,145원.

> 그러므로 삼각 구조물 1개 제작에는 8,265원가량의 비용이 든다.

09

선생님,
창의력 대회의
실제 공연 대본을 보고 싶어요!

다음은 실제로 창의력 대회에 참가했던 공연 대본 사례입니다. 수학적 요소가 포함된 과제를 공연으로 만든 사례이지요. 이를 참고하여 여러분도 팀원들과 함께 다양한 대본을 써보는 연습을 해보세요.

창의력 대회 공연 대본 사례

[SCENE 1]

· 배경: 아잉슈타인 박사의 연구실
· 등장인물: 여자아이, 아잉슈타인 박사

아잉슈타인 박사: 드디어 완성했어! 30년 만에 완성한 나의 작품! $y=1.618x$의 황금비율을 적용한 이 함수 기계라면 아무리 못생긴 사람이라도 김태희, 장동건으로 바뀔 수 있어!

여자아이: 역시 소문난 천재 아잉슈타인 박사님! 그런데요, 저… 저도 가능하겠죠? 저 정말 예뻐지고 싶어요.

아잉슈타인 박사: 야, 안돼! 넌 좀 힘들어. 이건 수학을 좀 잘해야 해!

여자아이: 아, 박사님! 제발 도와주세요. 제가 제일 좋아하는 과자를 드릴게요.

아잉슈타인 박사: 뭐, 과자? 무슨 과자?

여자아이: 첵스초코요! 이거 마치 좌표평면 같지 않아요? 박사님이 좋아하실 거예요.

아잉슈타인 박사: 오! 아주 창의적이야! 그러면 지금 당장 해보자! 내가 특별히 도와주마.

여자아이: 와, 고맙습니다. 저 정말 예뻐질 수 있겠죠?

아잉슈타인 박사: 그래! 이 기계엔 황금비율이 적용돼 있어! 들어갔다 나오면 니 얼굴은 황금비율이 돼서 아주 예뻐질 거야~ 자, 넌 김태희 버튼이다. 어서 들어가!

여자아이: 와!

아잉슈타인 박사: 이제 나도 들어가야겠다.

[SCENE 2]

· 배경: 무당벌레의 공간
· 등장인물: 여자아이, 아잉슈타인 박사, 무당벌레

아잉슈타인 박사: 으! 아무리 해도 이 느낌은 적응이 안 돼! 아이고, 얘는 왜 또 쓰러진 거야! 야! 일어나! 으아, 할 수 없지! 일어나! 일어나!

여자아이: 어? 박사님? 벌써 끝난 거예요? 저 이제 예뻐요?

아잉슈타인 박사: 참 나, 일단 네 모습부터 봐봐!

여자아이:	꺄악!! 이게 무슨 미인이에요! 왜 제가 박사님께 드렸던 첵스초코가 돼 있는 거예요? 이런 땅꼬마 돌팔이!!
아잉슈타인 박사:	뭐? 내가 말했지! 이건 수학을 잘해야 된다고! 넌 여기서 문제를 풀어야만 나가서 미인이 되는 거야! 미인 되기 쉬운 줄 알아?
여자아이:	어, 그나저나 여긴 어디죠?

(무당벌레가 배경에서 갑자기 휙 돈다.)

무당벌레:	내 잠을 깨우다니! 여기가 어디라고 함부로 발을 디딘 거야!!

(아잉슈타인 박사, 여자아이 모두 놀란다.)

무당벌레:	왜 대답을 안 해! 감히 내 영역에 함부로 발을 디디다니! 이게 뭐 하는 짓이야! 아주 너희들이 정신 줄을 놨구나!!
아잉슈타인 박사:	죄송합니다, 죄송합니다! 곧 나가겠으니 한 번만 봐주십시오!

무당벌레: 흠… 내 이상형이 수학 잘하는 남자이니 문제를 맞히면 생각해 보지. (부채를 펼치며) 이 도형의 둘레를 가장 쉽게 구해보아라.

아잉슈타인 박사: 둘레? 변의 길이도 없이 어떻게 둘레를 구해요!

여자아이: 어떻게든 구해봐요!

아잉슈타인 박사: (여자아이를 한 번 째려보고) 아, 방법이 생각났어! (패널을 들고 설명한다.) 이 둘레의 길이를 x로 두고 $a^2+b^2=c^2$ 이라는 피타고라스의 정리를 사용해 각각의 빗변의 길이를 구하면 $\sqrt{2x}, \sqrt{3x}, \sqrt{4x}, \sqrt{5x}$ 라고 구할 수 있습니다!

여자아이: 아, 그럼 답은 $7x+\sqrt{2x}+\sqrt{3x}+\sqrt{5x}$ 군요!

아잉슈타인 박사: 그래, 바로 그거야!

무당벌레: 오, 실력들이 괜찮군. 약속을 했으니 봐주지. 이제 나가버려!

아잉슈타인 박사: 고맙습니다! (머뭇거리다가) 근데 정말 죄송합니다만… 무당벌레님, 도움을 좀 주시면 안 될까요? 저희가 원래의 세계로 돌아갈 방법을 알려주세요! 제 아잉슈타인 우유를 드릴게요! 이걸 마시면 수학을 잘하는 남자를 유혹할 수 있어요! (무당벌레를 향해 아잉슈타인 우유

를 한 팩 내민다.)

무당벌레: (우유를 뺏고 좀 살펴보다) 좋아.

(쌀을 뿌리고 종을 흔들다가 소리친다.) 카드 여왕!! 카드 여왕에게 가!!! 너희가 나갈 수 있는 방법은 여왕이 알 아!!!

(소리 지르다 멈춘 후 다시 아잉슈타인을 노려보며)

이제 나가!! 빨리!! 다시 내 잠을 깨웠다간 혼쭐날 테 다!!

(아잉슈타인 우유와 첵스초코는 서둘러 펼쳐진 다른 무대로 뛰어가고 무당벌레는 배경으로 다시 뒤돈다.)

[SCENE 3]

· 배경: 카드 여왕의 공간
· 등장인물: 여자아이, 아잉슈타인 박사, 카드 여왕

여자아이: (플래카드를 보며) 어? 저거 봐요!
아잉슈타인 박사: (플래카드를 읽는다.) 나의 성이 무너졌다. 원인을 알고 싶고, 그리고 새로운 방법을 모색하는 자에게 큰 상을

	주겠다. 카드 여왕.
여자아이:	그럼 저걸 우리가 밝혀내면 되는 거군요! 혹시 울고 있는 저분이 카드 여왕?
아인슈타인 박사:	그런가 보다! 가보자!
카드 여왕:	흑, 흑…. (울고 있다.)
아인슈타인 박사:	혹시 카드 여왕님이십니까?
카드 여왕:	흑…, 그렇다. 내가 카드 여왕이다. 너희는 원인이 무엇인지 아느냐? 새로운 방법을 찾을 수 있는 것이냐?
여자아이:	(아인슈타인에게) 할 수 있든 없든 무조건 해봐요. 우리는 원래의 세계로 돌아가야 하잖아요!
아인슈타인 박사:	(고개를 한번 끄덕이고 카드 여왕에게) 먼저 그 무너진 성을 볼 수 있을까요?
카드 여왕:	(뒤쪽을 가리키며) 저것을 보아라. 나의 성이…. 흑흑흑.
아인슈타인 박사:	걱정 마십시오, 여왕님. 저희가 꼭 해결하겠습니다. (무너진 성 주변을 돌며 고민한다.) 흠…, 아! 여왕님! 여왕님의 성의 문제는 지지대였습니다! 이런 식으로 지지대가 휘어져 있으니 윗 무게를 버티지 못하고 무너진 거죠. 무너진 충격이 커서 위의 건물들도 함몰된 것입니다.

카드 여왕:	그… 그럼 어찌해야 하느냐? 자세히 말해 보아라!
아잉슈타인 박사:	(살짝 당황하며) 그게… 음….
여자아이:	(구조물을 버티는 사람들을 가리키며) 어! 근데 저길 봐요. 저들도 무언가 무게를 버티고 있는 것 같은데요? (구조물을 버티는 사람들 쪽으로 가서 구조물 부분을 살피며) 호오, 아~ 아! (다시 아잉슈타인에게 돌아가서) 저들은 무게를 수직으로 버티고 있어요.
아잉슈타인 박사:	아! 수직으로? (뭔가 알아차린 표정으로 잠깐 뜸들이다) 그렇군. 그렇게 하면 버틸 수 있을 거야! 여왕님! 건물 상의 문제는 없습니다. 지지대의 길이에 각C를 빗변으로 하는 $a^2+b^2=c^2$이라는 피타고라스의 정리를 쓰세요! 그렇다면 무게를 수직으로 버텨서 성이 무너지지 않을 거예요!
카드 여왕:	그렇게 하면 되는 것이냐? 정말 고맙구나! 그렇게 하겠다. 원하는 것이 있느냐? 무엇이든 들어주마!
아잉슈타인 박사:	기계요! 1:1.618의 비를 가진 아름다운 함수 기계요! 그걸 타고 돌아가야 해요!
카드 여왕:	아! 얼마 전에 무당벌레가 내게 보낸 그 기계를 말하는 것이구나. 좋다. (무대 쪽을 손가락으로 마술 부리듯이 치

자 기계가 나온다.) 이 길로 조금만 가면 될 것이다! 정말
고맙구나! 난 어서 목수들을 부르러 가야겠다! 이만!

아잉슈타인 박사: 감사합니다!! (여자아이에게) 어이, 이제 가자!

여자아이: 네?…네? 네! 네… 네!!

(기계로 돌아간다.)

[SCENE 4]

· 배경 : 아잉슈타인 박사의 연구실
· 등장인물 : 여자아이, 아잉슈타인 박사

(여자아이가 김태희 가면을 쓰고 나온다. 거울을 본다.)

여자아이: 꺅! 내가 김태희라니! 박사님, 정말 정말 감사드려요!

아잉슈타인 박사: 그래! 내 덕도 있지만 너도 열심히 수학 문제를 풀었
잖아!

여자아이: 아, 박사님!! 정말 너무 행복해요! 전 이제 갈게요!!

(여자아이 퇴장)

아잉슈타인 박사: 흠… 이참에 키도 황금비율로 키우는 기계를 만들어
볼까? 야! 내 공연에 나온 애들!! 도와줘!!

10

선생님, 창의력 대회의 준비 과정부터 결과물까지 어떻게 정리하면 좋을까요?

여러분이 창의력을 키우는 한 가지 방법은 여러분의 활동을 기록으로 남기는 것입니다. 이러한 기록을 통해 해결한 문제들을 되돌아보고, 어떻게 개선할지 생각해 보는 과정은 창의력 대회에서 쌓아온 여러분의 역사를 남기는 일이기도 합니다.

제가 만난 친구들 중에 창의력이 참 뛰어나다고 느꼈던 이호원, 송진우, 박진일 학생이 있습니다. 이 학생들은 만나면 가장 먼저 일정표를 작성하고 계획을 정리했습니다. 이 친구들이 대회에서 우수한 성적을 거둘 수 있었던 원동력은 바로 이러한 준비 과정 덕분이 아니었나 생각합니다.

여러분도 창의력 대회 준비 과정을 체계적으로 정리하여 대회 참가 과정을 작은 소책자로 만들어 보세요. 대회가 끝난 후 남은 방학 동안 자료를 정리하고, 소책자를 제작하면서 우리의 창의력 역사를 한 단계 더 발전시킬 수 있답니다. 다음은 우리 친구들이 만든 창의력 대회 기록 사례입니다. DI 학생 사례를 참고해서 우리도 도전해 봅시다!

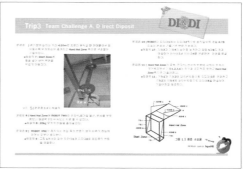

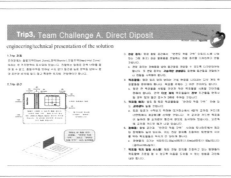

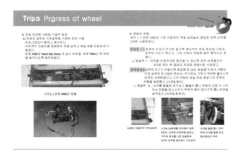

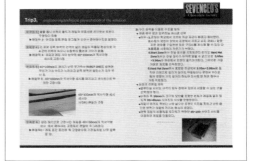

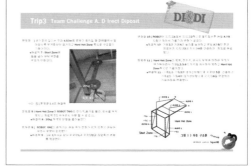

11

선생님,
국내 창의력 대회와 세계 창의력 대회는
어떤 점이 다른가요?

우리나라에서 열리는 OM과 DI는 미국에서 열리는 세계 대회에 출전할 한국 대표를 선발하는 국내 대회입니다. 대한민국 학생창의력 챔피언대회는 국내에서만 열리는 창의력 대회이고, 세계청소년올림피아드는 국내에서 개최되지만 전 세계 참가자들이 모이는 대회이지요.

OM이나 DI와 같은 대회에서 세계 대회 출전권을 획득했다면, 꼭 세계 대회에도 도전해 보기를 추천합니다. 세계 대회에서는 국내 대회에서보다 더 많은 경험을 할 수 있기 때문입니다. 세계 대회에 참가하면 시차 적응을 비롯하여 국내와는 다른 환경에서의 다양한 문제 상황을 스스로

외국 학생들에게 우리나라를 소개하는 학생들

해결하는 역량을 키울 수 있습니다. 특히 세계 대회에서 느낄 수 있는 축제 같은 분위기와 경쟁 속에서도 상대방의 아이디어를 존중하고 서로 격려하는 모습이 인상 깊었습니다.

　　전 세계 참가자들과 영어로 소통하다 보면 자연스럽게 영어의 중요성을 느끼고, 더 넓은 세계로 나가고자 하는 목표도 가지게 됩니다. 다른 국적의 학생들에게 한국을 소개하며 대한민국을 알리는 홍보대사 역할도 할 수 있습니다. 다른 팀과 교류하는 버디 팀 활동 등 다양한 국적의 학생들과 함께하는 경험은 경쟁과 협동, 그리고 나눔의 가치를 배우며 성장하는 소중한 시간이 될 것입니다.

12

선생님, 우리보다 먼저 창의력 대회에 참가한 친구들의 이야기를 듣고 싶어요!

다음은 창의력 세계 대회에 참가했던 김형식 학생의 수기입니다. 생생한 후기를 읽어보며 창의력 세계 대회에 참가한 여러분의 모습도 상상해 보세요!

세계 창의력 대회에 다녀와서

김형식

정말 이 대회를 위해 오랫동안 달려왔다. 1학년 여름 방학에 시작된 나의 첫 창의력 대회 '창의력 올림피아드' 그 뒤 겨울 방학으로 이어온 한국 'Odyssey of the mind 창의력 올림픽' 1월에 열린 '중국 창의력 대회 Odyssey of the mind' 그리고 이번에 창의력 대회의 마침표를 찍는 미국 '세계 대회 Odyssey of the mind'. 1년 이상을 나는 창의적 생각을 가지고 나날을 살아왔다. 물론 대회를 준비하느라 그랬을 수도 있었겠지만, 평상시에도 수시로 "브레인스토밍"을 하고 친구들과 생각하는 방식을 나 스스로 다르게도 해보며 창의적 생각을 한시도 잊어본 적이 없었다.

일 년간 네 차례의 창의력 대회를 치르며 나 자신도 많이 바뀌어 갔다는 것을 느꼈다. 이번에 갔던 미시간 주립대학에서 주최한 세계 대회는 아쉬움도 많이 남았고 세계의 벽은 높고 험하여 끝없는 노력이 없이는 일등을 거머쥘 수 없다는 것을 많이 느끼고 온 계기였다.

대회가 개막하기 전 우리는 시카고 국제공항에 도착하였다. 한국 대표팀은 초등학생부터 고등학생까지 다양했다. 우리 팀은 잠시 대회에 온 것을 망각하고, 들떠 있었다.

그러나 점점 밀려오는 긴장감은 우리 팀원들 모두 느끼고 있었다. 그렇게 하루가 지나고 다음 날 개막식이 있어 우리 한국 대표팀은 주경기장으로 향했다. 가장 먼저 온 우리는 이 넓은 경기장이 다 차기는 할까? 라는 궁금증을 품었다. 그러나 우리의 우려와는 달리 전 세계 창의력 협회에 각 나라 대표와 미국의 주 대표들이 경기장에 들어서니 꽉 차고도 부족한 상태였다. 그것을 보며 나는 편안하게 안주하고 학교생활을 살아왔다는 생각이 밀려들었다.

나만이 가지고 있는 줄 알았던 창의력을 이 많은 사람이 가지고 있다고 생각하니 창의력이라는 것이 과연 이전에 내가 생각하고 있던 특별한 생각일까? 라는 의문이 생기기 시작하였다.

우리 차례는 대회 둘째 날이었다. 그래서 첫날 다른 팀이 경기하는 것을 보러 다녔다. 우리 최대의 관심사는 구조물의 최강자인 중국팀이었다. 사실 우리 팀도 한국 대회에서 중국팀의 구조물과 중국 대회에서 보았던 구조물을 모티프 삼아 우리의 구조물을 만들었다. 트러스 없는 일자형 기둥 4개이다. 중국 대표팀 최강이었다. 중국팀의 경기를 관람하던 세계인들 모두 "Awesome(굉장해)!"라고 소리칠 정도였다. 그 기록은 680kg으로, 시간이 부족하여 더 올리지 못한 것이다. 부러지지도 않았으며 세팅 방식도 남달랐으며 바벨을 올리는 정교함 또한 우리 팀이 배워야 하는 대목이었다.

그렇게 숙소로 돌아와 기죽은 채 한국에서 만들어 왔던 구조물을 18g 이내로 만들기 위하여 무게를 줄이고, 연극 연습을 하기 시작하였다. 이제껏 한국 최강이라는 소리만 들었던 우리는 세계 무대에서는 우리의 실력을 아무도 인정해 주지 않는다는 것에 대해 낙심하였다. 하지만 대회를 즐겨야 하고 그러하면 성과까지 좋다는 것을 매번 대회에서 느꼈던 우리는 마냥 풀이 죽어 있을 수만은 없었다. 그래서 우리는 연극 연습 중 대사에 있지도 않았던 애드리브를 넣어가며 분위기를 조금 나아지게 했었다. 이것이 바로 우리 팀의 장점인 조직력이었다.

다음날 우리의 경기는 오후 시간이었다. 경기 시작 3시간 전에 경기장으로 가서 무대 세팅과 구조물 마지막 작업 등을 마치고 약 30분을 기다리고 입장을 했다. 우리는 여느 때와 같이 각자의 역할에 집중하였다. 하지만 서양과 동양의 개그 코드가 달라서였을까? 우리가 했던 애드리브가 미국인들에게 먹히지 않았다. 한국과 중국, 항상 우리의 연극은 좋은 점수와 호응을 얻었지만, 이번 대회만큼은 그렇지 않았다. 또 바벨이 한국에서 연습했던 것과 달라서였을까? 바벨을 올리던 중 자꾸 손에서 미끄러져서 예상보다 현저히 낮은 기록을 했다.

항상 우리가 했던 일등은 하지 못했지만 그래도 세계 대회의 높은 벽도 실감하고 앞으로 우리의 펼쳐질 경쟁에서 좋은 성과를 얻을 수 있게 해줄 아픔의 과정이라고 생각하였다. 조금 더 잘했었으면 했던 나의 승부욕은 좋은 경험이라 생각하여 조금 잠재워 둔 상태이다. 하지만 다음번 대회에 참가할 때는 기필코 일등을 할 것이다. 그리고 우승 트로피를 갖고 싶다!

형식이는 현재 국내에서 박사 학위를 취득한 후 하버드대학교에서 박사 후 연구원으로 연구를 계속하고 있습니다. 형식이처럼 창의력 대회의 도전과 활동이 여러분의 성장과 진로에 큰 도움이 될 것입니다!

한언의 사명선언문

Since 3rd day of January, 1998

Our Mission — 우리는 새로운 지식을 창출, 전파하여 전 인류가 이를 공유케 함으로써 인류 문화의 발전과 행복에 이바지한다.

— 우리는 끊임없이 학습하는 조직으로서 자신과 조직의 발전을 위해 쉼 없이 노력하며, 궁극적으로는 세계적 콘텐츠 그룹을 지향한다.

— 우리는 정신적·물질적으로 최고 수준의 복지를 실현하기 위해 노력하며, 명실공히 초일류 사원들의 집합체로서 부끄럼 없이 행동한다.

Our Vision — 한언은 콘텐츠 기업의 선도적 성공 모델이 된다.

> 저희 한언인들은 위와 같은 사명을 항상 가슴속에 간직하고
> 좋은 책을 만들기 위해 최선을 다하고 있습니다.
> 독자 여러분의 아낌없는 충고와 격려를 부탁드립니다.
> • 한언 가족 •

HanEon's Mission statement

Our Mission — We create and broadcast new knowledge for the advancement and happiness of the whole human race.

— We do our best to improve ourselves and the organization, with the ultimate goal of striving to be the best content group in the world.

— We try to realize the highest quality of welfare system in both mental and physical ways and we behave in a manner that reflects our mission as proud members of HanEon Community.

Our Vision — HanEon will be the leading Success Model of the content group.